セガ
体感ゲームの時代
1985-1990

History of the SEGA TAIKAN GAMES

黒川文雄

JN222505

「真の旅の発見は、新しい景色を探すことではない。新しい目で見ることなのだ」

――マルセル・プルースト

はじめに　「体感ゲーム」が輝いた時代を探して

２０２４年９月９日、バンダイナムコホールディングスで代表取締役社長を務めた石川祝男（いしかわしゅくお）氏が69歳で亡くなったという訃報が届いた。石川氏は旧ナムコでアーケードゲーム『ワニワニパニック』（１９８９年）を企画した人物だった。また１人、お話を聞くべき人物がこの世を去ってしまった。もっと早くに、お元気なうちにお話を聞いておけばよかったと思うのは、いつの時代も変わらない。

私がゲーム産業に関わって、すでに30年の月日が流れた。その間に、数多くのエポックメイキングなゲームソフトやハードウェアの登場と変遷を目の当たりにしてきた。その変遷と歴史を、直接的に関わった人物たちの視点で語ってもらうことが必要ではないかと考えた。心躍るゲームソフトや斬新なハードウェアには、それらに携わった人々がいることを改めて記したいと考えたのだ。

その想いで始めたゲームニュースメディア4Gamerにおける「ビデオゲームの語り部たち」の連載記事。それらをまとめた書籍「ビデオゲームの語り部たち　日本のゲーム産業を支えたクリエイターの創造と挑戦」（ＤＵ ＢＯＯＫＳ・２０２３年９月８日）が出版され、おかげさまで一定以上の評価をいただき、少なからず、私自身が標榜しているビデオゲームの歴史的な考察と言える「ゲーム考古学」への実績と自信に繋がった。

しかし、同時に、まだ取材が足りない事案、人物が多数いることに気付かされた。そのためにも、私自身の残りの人生の課題として、個人で取材活動をしようと思ったのが本書の執筆のきっかけである。

本書のテーマである「体感ゲーム」は、私がセガに在職したときにはすでに衰退傾向であった。代わって台頭してきたのは3次元コンピュータ・グラフィックスを用いたハイエンドなゲームであった。なお、「体感ゲーム」とは、ゲーム筐体をプレイヤーが物理的に動かすこと、またはプレイヤーの操作を基にリアルな体感を生み出すという新機軸のゲームだった。その市場を大きく牽引したのが、本書で紹介するゲームマシンたちである。

また取材に至るきっかけは、現代のテクノロジーやグラフィックスを用いれば容易にそれらを再現することが可能なはずだが、そこに至らない背景とは何か、そして、当時を振り返り、あの時代ならではの熱量を掘り下げてみたいと思ったからである。古いツールが、新しいツールにリプレイスされるように、ゲームもメカからメカトロ、ビデオゲーム、体感ゲーム、3次元コンピュータ・グラフィックスゲーム、VR（バーチャルリアリティ）ゲーム、スマートフォン・ゲーム、PCオンライン・ゲームなど、時代とともにそのソフト、流通、体験、感動のかたちを変えて脈々と続いてきた。これから先もデバイスが変われども、それらエンターテインメントがなくなることはないだろう。

現在のアーケード（ゲームセンター）の大半を占めるプリクラやクレーンゲームに目を輝かせる人々がいるように、当時、最先端の技術力とスケールで素晴らしいゲームやハードウェアを開発し、人々を驚嘆させ感動を呼び覚ましたのがセガだった。

本書は、1985年から1990年にかけて、主にセガ・エンタープライゼス（現在のセガ）が開発した「体感ゲーム」にフォーカスして取材を行い、関わった人々のリアルな証言を記録することで、その時代を詳（つまび）らかにするものである。

日本のゲーム産業は最先端のテクノロジーを惜しげもなく取り入れ、新機軸のエンターテインメントを作り出し、プレイヤーたちはそれを手放しで受け入れた。そこで生み出された潤沢なキヤッシュフローは、さらなるエンターテインメントへの再投資を促進するエコシステムを実現した。

そんな時代を切り開いていったのはセガ・エンタープライゼスに集った情熱あふれる技術者、開発者たち。彼らの情熱と英知こそが、すべての源泉だった。

さらに本書では、ゲーム開発を技術面から支え協業した企業たち、ＡＩ時代にさらに評価を高めるNVIDIA（エヌビディア）、航空機や宇宙開発などで知られるロッキード・マーティン、インテル、富士通、ソニー・コンピュータエンタテインメント（現在のソニー・インタラクティブエンタテインメント）などの重要人物たちも登場する。

あの頃、心躍らせてプレイしたゲームたち。それらを「想像」し、「創造」した若き技術者、開発者たちの躍動と情熱が、本書を通じて伝われば幸いである。

黒川文雄

セガ　体感ゲームの時代

1985-1990

GAME STAGE（コンテンツ）

※本文中、地の文においては敬称略となっています。予めご容赦ください。

※『ハングオン』タイトル表記に関しては、販売開始時は『ハング・オン』でしたが、現在、セガにて『ハングオン』で表記統一しているため文中ではその表記に倣いました。

STAGE 0

自由な〝職人〟集団・セガの歴史とそのレガシー

セガ設立の原点

本題に入る前に、まず、セガの創立から現在に至る歴史について触れておきたい。セガの原点は、１９３４年にハワイ州ホノルルで産声をあげたスタンダード・ゲームズまで遡る。

この会社はハワイの米軍基地内の厚生施設に配置されていた娯楽機器、主にジュークボックスのメンテナンス業務を主体としていたという。創業者はマーチン・ブロムリー※ (Martin Bromley) といわれているが、マーチンの父、アービング・ブロンバーグ (Irving Bromberg) も会社をサポートしていた。

その後、第2次世界大戦が終結した１９４５年に、サービス・ゲームズに社名変更を行い、駐留軍とともに日本に進出し、日本国内でジュークボックスやスロットマシンの販売、レンタル、メンテナンスを始める。当初の主な顧客はＧＨＱ駐留米軍だったが、徐々に営業拡大を行い、日本国内では東京以外に、岩国、札幌、沖縄などに営業拠点を持っていたという。さらにソウル、シンガポールなど海外への販売も強化していた。

因みにスタンダード・ゲームズが販売したジュークボックスの性能は、戦前の日本製機械の水準をはるかに超えたもので、そのモノ珍しさもあって多くの人々の関心を集めたというが、まだ一般に浸透するには時間を要した。

１９５１年に、アメリカ国内でジョンソン法という法律が制定される。

このジョンソン法は「賭博機材輸送法」(Transportation of Gambling Devices Act of 1951 Title 15 USC Sec 1175～1178) というもので、アメリカ国内でギャンブル性のあるゲーミングマシン（いわゆるスロットマシン、ビンゴマシン、クレーンゲームなど）をアイダホ州、ネバダ

※本名はマーチン・ブロンバーグ (Martin Bromberg)。ブロムリーは改名後の名称。

州（ラスベガス）以外の州の通過、および軍関係基地内でのプレイを禁止するというものだった。

これを逆手に取って、ブロムリー親子はジョンソン法適用外となる「海外駐留米軍基地」へのゲーミングマシンの輸出を加速させた。

その日本における事業拠点が、港区麻布台（旧地名：港区飯倉町）にあった水交社ビルの地下室で1952年に創業されたレメアー&スチュワートだった。

レメアー&スチュワートは、マーチン・ブロムリーから指示を受けた2人の部下、レイモンド・レメアー（Raymond Lemaire）とリチャード・スチュワート（Richard Stewart）の名前から由来している。

なお、水交社ビルは、旧・日本海軍将校の娯楽施設として知られたが、終戦後は駐留米軍に接収され、その後に米軍内部のフリーメイソン（Freemason）のメンバーによって「メソニックビル」と称された。

このメソニックビルには、日本でひと旗揚げようとするユダヤ系ビジネスマンが集まっていた。

1953年に太東貿易（タイトー）を起業するミハイル・コーガンや、エスコ貿易の前身となるV&Vハイファイ・トレーディング（のちに、セガ・エンタープライゼス・代表取締役社長に就任する中山隼雄が就職した会社）なども入居していたのではないかと思われる。なお、タイトーの公式サイトにある「タイトーの歩み」の中に、タイトー創業地として東京都港区栄町十三番地との記載がある。その旧地名は東京市芝区栄町。そこは、現在の芝公園三丁目、四丁目を表すことからも、水交社ビル改めメソニックビルでの創業と考えられる。

このメソニックビルは1950年に宗教法人東京メソニックロッジ協会に払い下げられ、現在麻布台2丁目のメソニック38、39MTビルとなり、日本におけるフリーメイソンの本部「グランドロッジ」が置かれていた。現在は、メソニック38MTビルと東京メソニックセンターの解体が終わり、一帯は大規模な再開発が行われている。

１９５４年、時をほぼ同じくして、東京都千代田区で、デビッド・ローゼン（David Rosen）がローゼン・エンタープライゼスを創業する。

デビッド・ローゼンは１９３０年ニューヨーク市ブルックリン生まれのユダヤ人。親がチョコレート工場を経営する裕福な家庭で育ち、コロンビア大学を卒業した優秀な青年だった。卒業後、米国空軍に志願入隊し、上海、沖縄、韓国へと駐留移動する中で日本文化に興味を持つようになったという。

ローゼン・エンタープライゼスが手掛けた事業は、証明写真を自動撮影する写真ブース『フォトラマ』。これは「2分間写真」と呼ばれ、履歴書や申請書に貼るための証明写真として日本各地に数百カ所カ所も配置された。同時に、デビッドはアメリカ本国からのゲームマシンの輸入許可申請にも奔走した。

申請から1年を要し、米国の中古ゲーム販売業者からエレメカ式のガンシューティングゲームを輸入したものの、当時はまだゲームセンターなどの娯楽施設が少なかったため、主に映画館に配置していったという。

同時にボウリング機器メーカーのＡＭＦ（アメリカン・マシン・アンド・ファウンダリー）の依頼で日本でのボウリング普及活動も行ってきたが、大手メーカー、ブランズウィックの日本市場への直接参入が始まると撤退した。

１９５７年にレメアー&スチュワートがサービス・ゲームズと合併し、サービス・ゲームズ・ジャパンに統合。これはおそらくジョンソン法に対応して別会社として行っていたゲーミングマシンの輸出入などへの規制が緩和されたことによるもので、本来のかたちに戻ったと思われる。

しかし、その後、１９６０年5月にサービス・ゲームズ・ジャパンが解散し、日本娯楽物産と

現在は再開発中につき一帯はフェンスに囲まれている　写真撮影：筆者

若き日のデビッド・ローゼン（左）と90年代のデビッド・ローゼン（右）　写真提供：セガ（左）、豊田信夫（右）

環状８号線。大田区羽田１丁目にあった旧セガ・エンタープライゼス本社。現在はメルキュール東京羽田エアポート　写真提供：セガ

日本機械製造に分社される。この分社の理由は、当時の日本では外資系企業に対する規制や制限があったと思われ、そのため、経営を円滑に行うため、企業を分割して日本国内法に適応させたのではないだろうか。日本娯楽物産はジュークボックスの設置営業を引き継いで業績を伸ばし、一方の日本機械製造は、後のセガ本社所在地である大田区羽田に移転。１９６０年７月に、初の国産ジュークボックス『SEGA-1000』の製造を開始した。

因みに大田区羽田への移転に関しては、戦後、日本の唯一の海外への玄関口としての羽田空港※が近かったからといわれているが、真偽のほどは不明である。しかし、当時のことを思えば、都内で広大な土地を安価で取得できる場所として、良い選択となったことは言うまでもないだろう。

１９６４年４月になると、日本娯楽物産が存続会社となり、日本機械製造を吸収合併することになる。日本娯楽物産はジュークボックス販売の成功で資金が潤沢化していたこと

※ 1978年に成田空港が開港するまでは羽田空港で国際線の発着が行われていた。2000年以降、サッカーW杯の日韓共催を機に羽田空港は再国際化を果たした。

もあり、ゲーム部門を吸収することで組織の強化を図ったものと思われる。
また翌1965年7月には日本娯楽物産とローゼン・エンタープライゼスが合併し、セガ・エンタープライゼスが設立。これはサービス・ゲームズの頭文字から由来する「セガ」と、ローゼンのエンタープライゼスから取ったものといわれている。また、エンタープライゼスとは、その名の通り「企業複合体」であり、セガの歴史は、この複合を繰り返してきたことも特徴的と言える。

代表取締役社長にデビッド・ローゼン、専務にレメアー、会長にスチュワートという体制で独自の製品開発を目指すこととなり、セガ・エンタープライゼスは1970年代後半まで日本のアミューズメント業界を独走した。

これらのことはセガ黎明期にゲーム開発に携わった吉井正晴の証言に詳しい（後述）。
なお、この時代を象徴するヒット作『ペリスコープ』（1966年）は、代表取締役社長デビッド・ローゼンが描いたスケッチを基に開発された筐体だ。潜水艦の潜望鏡から敵船を狙い、撃破するというものだが、これが海外市場でもヒット。日本で開発、製造を行い、海外に輸出するという新しいビジネスモデルを確立するとともに、「撃つ（シューティング）」、「走る（レーシング）」、「飛ぶ（フライト）」といった、ゲームに必要なエンターテインメント要素を備えた開発体制を築く礎となった。

セガの大株主であったローゼンやブロムリーは日本での株式公開を望んでいた。しかし、外国資本が100%の株式を日本で公開することは困難な時代。テクニカルな手法であるが、米国の会社を取得して、その日本法人の親会社にすることを考えたが、それに見合う企業が見つからず、複合企業体（コングロマリット）による買収方法を模索した結果、1969年にガルフ&ウェスタン（以下：G&W）にセガ・エンタープライゼスの株式を売却することとなる。

※ガルフ＆ウェスタンは 1989年にパラマウント・コミュニケーションズへ社名変更。その後、バイアコムに買収された。

『ペリスコープ』ブローシャ
資料提供：セガ

やがてG&Wはセガを分離分割する方針を決定し、持株会社であるセガ・エンタープライゼス・インクのオフィスをロサンゼルスのセンチュリーパークに開設、1974年4月に米国内にてその株式を公開した。こうして日本のセガは形式的にはアメリカ・セガの子会社となった。

1975年8月にはセガ・オブ・アメリカ（SOA）が創業された。

1973年、日本のセガにおいて、ビデオゲーム第1弾といわれるパドルゲームの名作『ポントロン』シリーズがヒットし、1974年に木々の間を上る風船を撃ちぬく『バルーンガン』、1975年に野球ゲーム『ラストイニング／テーブルベースボール』がヒット。1976年にはレースゲーム『ロードレース』、バイクハンドルを使用した『マンTT』※などを開発している。

1979年には、後のセガに大きく影響を及ぼす2つの事象があった。1つはセガ（厳密にはセガ・オブ・アメリカ）による、グレムリン・インダストリー（Gremlin Industries）の買収である。

グレムリン・インダストリーは1970年にカリフォルニア州サンディエゴで海洋機器メーカーとして創業し、1973年にはそれらの電子技術を流用してエレメカ系ゲーム開発に取り組みゲーム産業に参入、陣取りゲーム『ブロッケード』などをヒットさせた。セガのグレムリン・インダストリー買収は、これらのビデオゲーム開発のノウハウを取得することが目的で、のちにセ

※1995年に導入された『MANX-TT』とは別ゲーム。

1980年代、セガの研究開発部で使用されていた開発機材。グレムリンG80、NOVA760。セガ技術職幹部候補生募集要項より
資料提供：セガ

ガ・グレムリンとして『ヘッドオン』（１９７９年）などがリリースされ、開発力を磨いていったという。

一方、ナムコは１９７９年10月に『ギャラクシアン』をアーケードゲームとしてリリース。国内屈指の開発力を持ったメーカーとして躍進を始めている。

また同年９月に、デビッド・ローゼンは、日本のビデオゲーム産業の黎明期から流通、販売や修理業を行ってきたエスコ貿易を買収した。これはエスコ貿易という会社よりも、同社を起業した中山隼雄（なかやまはやお）が欲しかったといえるだろう。

当時、ローゼンはアメリカ本社で費やす時間が多くなり、日本市場への管理が疎かになっていた。特にマーケティング面のカバーが不足しており、その点で、日本および海外ゲーム市場に通じた中山の知見を必要としていた。

中山隼雄は医師を目指して千葉大学に進学したものの１９５９年に中退、ジュークボッ

クスのリースや販売などを行うV&Vハイファイ・トレーディングに就職。すぐにジュークボックスには未来がないことに気付き、アーケードゲーム業界に参入する必要性を社内で訴えたが、中山の提言は一蹴されてしまったという。

　中山は退職し、1968年にエスコ貿易を創業。中古ゲーム機器の買取販売、海外販売などを行い、国内でのシェアを広げていった。そのため、当時のセガはエスコ貿易を一種の脅威と捉えており、セガの業務用ゲーム販売の責任者を務めていた小形武徳（おがたたけのり）は、ローゼンへ中山隼雄のヘッドハントとエスコ貿易の買収を進言したという。

　ローゼン自身は、若い中山隼雄をビジネスに精通した抜け目のない人物と評価、娯楽市場における野性的なマーケティング能力を感じとっていた。

　こうしてエスコ貿易はセガに吸収合併され、中山隼雄は同社の副社長に就任する。アメリカ中心に采配を振るうローゼンに代わって中山は着任当初から、セガの財務体質の強化と、開発力＝人材採用に力を入れ、これらは約10年後に大きく花開くことになる。

　なお、中山隼雄が自身で創業したエスコ貿易を畳んでまで、セガへの転職を決めた経緯は後述する。

　順風満帆に見えたセガであったが、1983年にアメリカ国内で起こった「アタリショック」※により、その連鎖と業績悪化を恐れたG&Wが1984年にセガ・エンタープライゼスの米国法人を売却する意向を示すと、ローゼンと中山隼雄は株式会社CSKの代表取締役社長、大川功（おおかわいさお）に出資と買収を依頼。現在のセガに至る道筋ができあがった。

　セガというブランドは、大川が以前から欲しがっていた国際的競争力を持っていたため、CSKグループに収めることで、以前から構想を巡らせていたインターネット社会の実現へ一歩近づけるという思惑があった。

※アタリショック（Video game crash of 1983）。当時、アメリカの家庭用テレビゲーム市場を席巻していたATARIが、1982年の年末商戦の営業不振によって崩壊の憂き目にあった事象を指す。一説によればスティーヴン・スピルバーグ監督作品『E.T.』の映画公開に合わせるために開発されたAtari 2600向けの同名ソフトのクオリティの低さと過剰在庫に起因したものともいわれている。

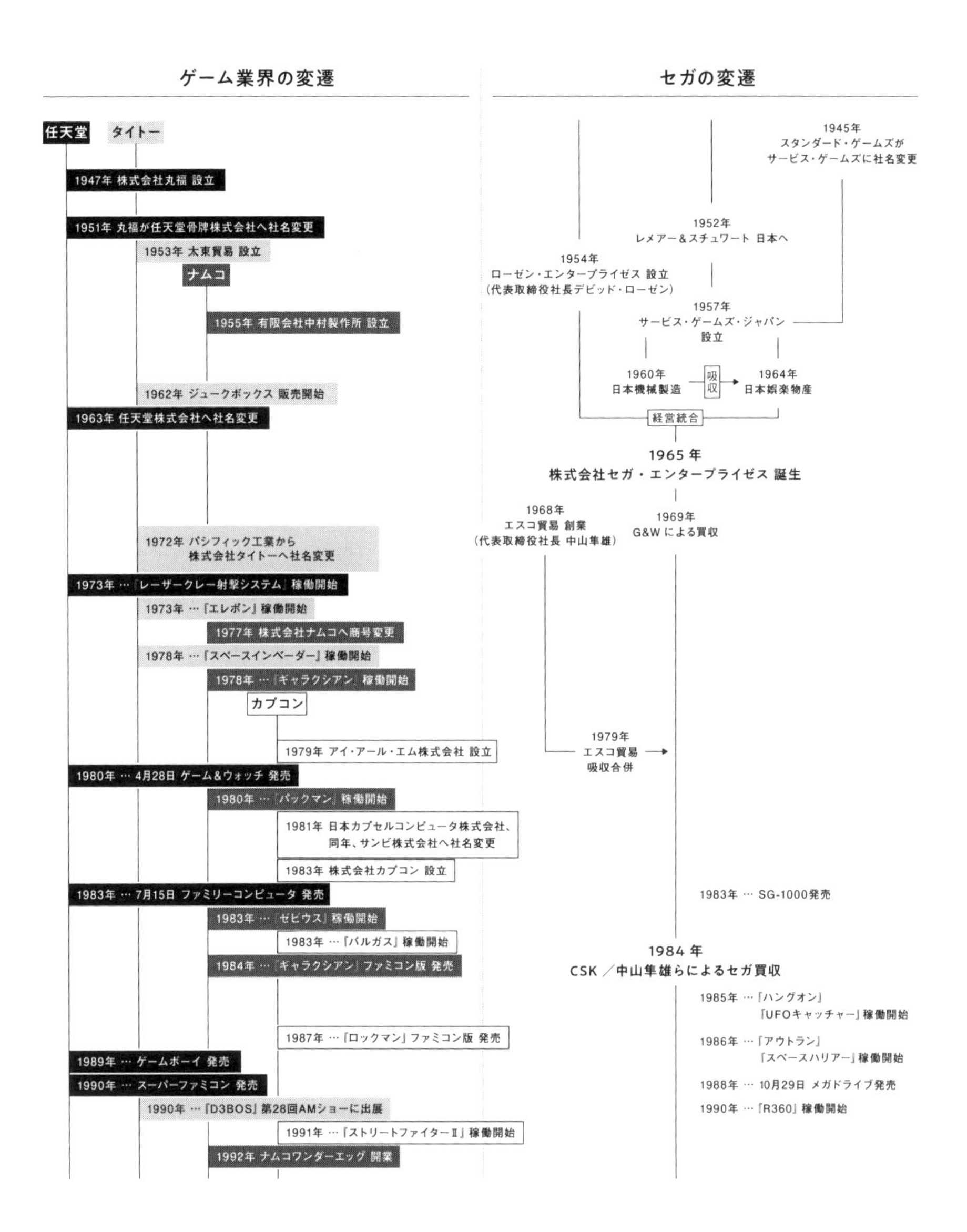
ゲーム業界の変遷
任天堂
タイトー
1947年 株式会社丸福 設立
1951年 丸福が任天堂骨牌株式会社へ社名変更
1953年 太東貿易 設立
ナムコ
1955年 有限会社中村製作所 設立
1962年 ジュークボックス 販売開始
1963年 任天堂株式会社へ社名変更
1972年 パシフィック工業から
株式会社タイトーへ社名変更
1973年 …『レーザークレー射撃システム』稼働開始
1973年 …『エレボン』稼働開始
1977年 株式会社ナムコへ商号変更
1978年 …『スペースインベーダー』稼働開始
1978年 …『ギャラクシアン』稼働開始
カプコン
1979年 アイ・アール・エム株式会社 設立
1980年 … 4月28日 ゲーム&ウォッチ 発売
1980年 …『パックマン』稼働開始
1981年 日本カプセルコンピュータ株式会社、
同年、サンビ株式会社へ社名変更
1983年 株式会社カプコン 設立
1983年 … 7月15日 ファミリーコンピュータ 発売
1983年 …『ゼビウス』稼働開始
1983年 …『バルガス』稼働開始
1984年 …『ギャラクシアン』ファミコン版 発売
1987年 …『ロックマン』ファミコン版 発売
1989年 … ゲームボーイ 発売
1990年 … スーパーファミコン 発売
1990年 …『D3BOS』第28回AMショーに出展
1991年 …『ストリートファイターⅡ』稼働開始
1992年 ナムコワンダーエッグ 開業
セガの変遷
1945年
スタンダード・ゲームズが
サービス・ゲームズに社名変更
1952年
レメアー&スチュワート 日本へ
1954年
ローゼン・エンタープライゼス 設立
(代表取締役社長デビッド・ローゼン)
1957年
サービス・ゲームズ・ジャパン
設立
1960年
日本機械製造
吸収
1964年
日本娯楽物産
経営統合
1965 年
株式会社セガ・エンタープライゼス 誕生
1968年
エスコ貿易 創業
(代表取締役社長 中山隼雄)
1969年
G&W による買収
1979年
エスコ貿易
吸収合併
1983年 … SG-1000発売
1984 年
CSK ／中山隼雄らによるセガ買収
1985年 …『ハングオン』
『UFOキャッチャー』稼働開始
1986年 …『アウトラン』
『スペースハリアー』稼働開始
1988年 … 10月29日 メガドライブ発売
1990年 …『R360』稼働開始

このCSKによる買収の際に、中山隼雄は株式購入のため多額の個人借り入れを行ったといわれており、のちにセガが東京証券取引所市場第2部上場（1988年）、東京証券取引所市場第1部指定（1990年）となった際に、巨万の富を築いたとされる。このキャピタルゲインを基にセガは現在の株式会社トムス・エンタテインメントの前身となる株式会社キョクイチの買収を行うなど、積極的な投資を行った。

また、本書で触れる「体感ゲーム」のほとんどが中山隼雄体制の中で開発されたものであり、特に株式公開で多額のキャッシュフローを保持し、1986年頃から始まったバブル景気（一般に1986〜1991年といわれる）も相まって潤沢な開発予算を計上したことで、新次元の実験的なゲームが数多く世に送り出されることとなる。

その後、1994年にセガが満を持して市場に投入した家庭用3次元コンピュータ・グラフィックス・ゲームマシン「セガサターン」（1994年11月22日発売）が、アーケードゲームのヒット作『バーチャファイター』、『デイトナUSA』を初期ラインナップとして発売。同年12月3日発売の株式会社ソニー・コンピュータエンタテインメント（現在のソニー・インタラクティブエンタテインメント）が開発した「プレイステーション」とともに、〃次世代ゲーム機戦争〃として市場を沸かせた。

新型次世代ゲーム機の販売数が拮抗する中、株式会社スクウェア（現在のスクウェア・エニックス）の看板タイトル『ファイナルファンタジーⅦ』が1996年1月にプレイステーションで発売されることを予感させるテレビコマーシャルが放送され、追い打ちをかけるように週刊少年ジャンプなどのメディアでも同作品のプレイステーションに参入することが報じられると、セガサターンは大きく失速していった。

遥かなる旅路、そして最後の港町は――

１９９７年１月23日にセガは同年10月１日付で株式会社バンダイと合併し、新社名をセガバンダイとすることを発表。しかし、その発表から4カ月後の１９９７年５月27日に合併を解消するというドタバタ劇を見せた。

表向きには、企業文化の溝が埋まらなかったというのが解消の理由とされたが、私が山科誠（やましなまこと）（１９９７年当時のバンダイ代表取締役社長）に行ったインタビューによれば、山科誠の父であり、バンダイ創業者の山科直治（やましななおはる）を説得できなかったこと、さらには現場の部長や次長クラスからの合併再検討を求める嘆願書もあったことなどが断念の原因となったという。

セガバンダイの構想は脆く、儚い夢と消えたが、２００５年に、バンダイはナムコと経営統合し、共同持株会社を設立、株式会社バンダイナムコホールディングスとなった。

１９９８年には、セガ中興の祖と称された中山隼雄が代表取締役社長を退任。後任には本田技研工業出身で、セガ副社長だった入交昭一郎（いりまじりしょういちろう）が代表取締役社長に昇格。同年11月27日、業界初のオンライン・ネットワーク機能を備えた家庭用ゲーム機『ドリームキャスト』を発売する。

しかし、わずか2年後の２０００年6月に入交昭一郎が代表取締役社長から副社長に降格、大川功会長が代表取締役社長を兼任。同年に株式会社セガに社名変更、ソフトウェア開発部門を分社化するなど迷走ともいえる状態が続いた。

ドリームキャストの先進性は評価されたが、ソフト面などの環境が追い付かないまま、２００1年1月31日に撤退を発表。これにより、８１５億円の特別損失を計上し、経営破綻寸前に陥るも、大川功が８５０億円の私財寄付というかたちでセガの窮地を救う。

同年3月、大川功は心不全で帰らぬ人となる。

２００３年には、株式会社サミーとセガの経営統合が発表される。これは、大川功の遺志を継いだＣＳＫの青園雅紘（あおぞのまさひろ）代表取締役社長の主導によるものといわれているが、生前の大川に恩義があったと語るサミー株式会社代表取締役社長、里見治（さとみはじめ）が強力に推進したものと思われる。これによりセガは、セガサミーホールディングス株式会社の子会社となった。

２０１２年7月2日、株式会社セガネットワークスが、モバイルやインターネット向けコンテンツを専門に開発する企業として創業。しかし、２０１５年には商号変更を行った株式会社セガゲームスに吸収合併される。

２０２０年12月30日、「ＧＩＧＯ」ブランドで展開していたアーケード施設事業のすべてをGENDAに売却。２０２３年4月、フィンランドのゲーム会社ロビオ・エンターテインメント(Rovio Entertainment)の買収を発表。今後はゲーム開発とともにセガが保有する「ソニック・ザ・ヘッジホッグ」などのキャラクターＩＰ事業を主流にすることを標榜している。

現在、セガのオフィスは、セガサミーグループ本社を〝GRAND HARBOR（グランド・ハーバー）〟と呼び、セガのフロアは「壮大な旅を予感させる港」として世界の港町をイニシャルにした会議室が来客を迎えてくれるというコンセプトで設計されている。Ａから始まり、数多くの港を経て、セガの航路は続くが、旅の終わりを示すＺの港町はそこにはない。終わりなき旅、企業は生き物だということを改めて感じさせてくれる。

エレメカ時代
新曲が出ると歌手がプロモーションに来た――山田順久

かつての業務用（アーケード）ゲームは、物理的な仕掛けを使ったシンプルなものが多かった。プレイヤーの入力により、レバーやクレーンが動いたり、ミニカーのようなオブジェクトが動くもので、それらは射的や釣り、スマートボールなど縁日の遊びの延長線と言っていいだろう。

１９５５年に創業したナムコの前身である有限会社中村製作所（現在のバンダイナムコホールディングス）は、デパート屋上に置いた2台の「電動木馬」から商売がスタートした。それも中古で購入した電動木馬である。ナムコの黎明期のスローガンは「木馬からモノレールまで」だった。これは、「ゆりかごから墓場まで」を捩ったもので、娯楽ならばなんでも対応するという中村製作所の姿勢を表したものだ。

では、同時期のセガの状況はどうかと言えば、１９５２年にレメアー&スチュワートが創業し、のちに合併するローゼン・エンタープライゼスは１９５４年に創業している。当時のことを詳しく知るものは少ないが、ここでは１９６０年代後半にセガ・エンタープライゼスに入社した当時の社員の証言を辿ってゆくことにしよう。

１９６５年にセガ・エンタープライゼスに商号（社名）変更したセガが、新卒学生を採用し始めたのは１９６６年だが、その翌年の１９６７年に新卒2期生として入社したのが山田順久だ。

「私がセガに入社したのは、高校を出てすぐなので１９６７年です。セガ・エンタープライゼスという名前になって新卒学生を採用し始めて、２期入社組に該当します。同じ2期目には、吉川

山田順久　写真撮影：筆者

（照男※後述）さんもいます。吉川さんは『ハングオン』のメカニズム部分を担当した方です。

　1966年、1期目に採用された社員が宮本智司さんで、『UFOキャッチャー』の機構設計を手掛けた方。『UFOキャッチャー』の原型はイタリア製の『ジャガークレーン』といわれていますが、それとセガのものが異なるのは、アルミパイプを2本繋げてスーッとキャッチャーが伸びてくる独自の機構で、これは宮本さんのアイデア。特許発明者は宮本智司、セガが現在も特許を保有しています。

　セガに入社した経緯は、あまりよく覚えてないのですが、夏休みに学校に行ったら進路指導の先生に『山田、お前はどこか就職先は決めたのか』と聞かれて、『いいえ、まだ決まってないです』と答えたら、『じゃあ、ここに行け』と、セガを紹介されました。当時、うちは祖母と私という家庭環境で、先生からは、『お前はろくな会社行けないぞ……』と言われていました。あの頃は、そんなこと言われてもあまりピンとこなかったのですが、今の時代、そんなこと言ったら社会問題ですよね。
……といっても、セガという会社自体にはまったく興味はなかったですね。
入社試験には無事に受かりまして、最初に配属されたのは生産技術部でした。入社した頃はゲームにあまり興味はなかったんですが、門前の小僧習わぬ経を読むというように、いろいろやっていくうちに楽しくなっていきました。当時はアタリの『ポン（ＰＯＮＧ）』（１９７２年）が出るまで、テレビモニターを使ったゲームはなかったんですよ。

生産技術部は、後の第２研究開発部、第４研究開発部です。その頃のセガは、生産技術部と研究開発部の２部署構成でした。私は生産技術部で量産設計をやっていました。研究開発部が試作品を作って、それを生産技術部で量産するという流れでした。

当時は活気にあふれていましたし、団塊の世代にあたる大学生たちが社会に出て勤め始めた頃。働くことがすべてではなく、余暇や娯楽に対する意識が変わってきた頃だと思います。

アミューズメント（業務用）ゲームというジャンルでは、タイトーとセガの２社が突出していました。タイトーはゲームセンターを各地に展開していて、セガは沖縄などの駐留米軍基地向けのスロットマシンの流通を手掛けていました。ベトナム戦争（１９５５年11月１日〜１９７５年４月30日）のさなかでしたから、ベトナムから沖縄に帰ってきた帰還兵たちのために、（米軍）キャンプの中にスロットマシンなどを置いていたんです。

徐々に、スロットマシンだけでなく、ピンボールの開発設計と製造販売もやるようになりました。ゲームだと、『ペリスコープ』などの製造もやりました。その他には、アメリカとかヨーロッパで作った大型のエレメカを完全コピーしたり、そこからアイデアを膨らませて、オリジナルゲーム機の開発や製造をやっていました」

ここで登場した「エレメカ」という言葉は一般的には認知されていないので、説明が必要だろう。

「エレメカ」とは、エレクトロニクス（電子工学）とメカトロニクス（機械工学）とを掛け合わせた造語で、ゲームの入力や出力を機械的に行うゲームマシンのこと。前述の『ペリスコープ』やクレームゲーム、パンチング・マシンなどはこのカテゴリーとなる。

「当時のセガは、もう1つの大きなビジネスとしてジュークボックスのリースをやっていました。あの頃は、今のようなカラオケはなかったので、盛り場で音楽を聴くといえばジュークボックスでした。このジュークボックスは当時の世界4大ジュークボックス※の1つ、アメリカのロック・オーラ（ROCK-OLA）などから買ってきたものです。

当時は、まだビニール製レコード盤の時代で、ドーナツ盤と呼ばれた45回転のシングルを各レコード会社から仕入れて、ジュークボックスに仕込んでリースするということをやっていました。それらのジュークボックスはすべてリースですから、中身のレコードの入れ替えもセガの営業マンがやっていました。音楽を聴くこと自体がジュークボックスでという時代ですから、セガ本社には当時の歌謡曲のスターたちがワンサカ、新曲の宣伝のために挨拶に来ていました。

残念なことに、私がいた生産技術部の仕事場所は棟が異なるので、自分たちのところまでは挨拶には来なかったのですが、本社には西城秀樹さんや郷ひろみさんといった売れっ子歌手が新曲を出すたびに宣伝に来ていたと聞きました。女性社員たちはキャーッと黄色い声をあげながら見に行ったという話はよく聞いたことがあります」

新人歌手のみならず、ベテラン歌手もセガに日参したという。現在のようにメディアが多様にある時代ではなかったため、ジュークボックスでの認知度、配置されるレコードの位置などが宣伝的な要素として重要なポイントだったのだろう。有名歌手が頻繁に来社するたびに女子社員たちは仕事が手につかなくなることが懸念され、いつ、誰が来るのというのは徐々に伏せられてい

※SEEBURG（シーバーグ）、AMI（アミ）、ROCK-OLA（ロック - オーラ）、WURLITZER（ウーリッツァー）のこと。

ったという。

「あの頃のセガはジュークボックス事業が中心でした。今の通信カラオケと違ってジュークボックスはレコードを入れ替える必要があるので、毎週のように、セールスマンが全国各地に新譜レコードを入れ替えに行っていました。

そのセールス・ネットワークがあったので、1970年代にカラオケが世の中に出てきた時はビジネスチャンスだったと思うんですが、セガの中山隼雄社長、販売責任者の小形武徳さん、施設責任者の永井明さん、それからゲーム開発の責任者の鈴木久司さんの4人とも歌が得意じゃなかったので、あまり興味を持たなかったらしいんです。中山さんが『これからの時代はカラオケっていけそうだけど、君たちはどう思う?』って聞いたら、ほかの3人とも『日本人は人前で歌なんか歌いませんよ』と主張して、カラオケ事業には参入しなかったんです。

あの頃のセールス・ネットワークと、セガの技術力があればカラオケ事業に参入もできたと思うんですが……、その頃すでにタイトー※さんはカラオケ事業を始めていましたからね。セガも90年代になって、『セガカラ』で、改めてカラオケ事業に参入したんですが、あまりうまくはいかなかったですね。確かドリームキャストと連動した機能がありました」

メカトロからビデオゲームの時代へ——吉井正晴

1947年生まれの吉井正晴は、山田順久より3年遅れ、1970年に入社した。吉井が語る当時のセガの状況とは?

「私がセガに入社したのは1970年です。のちにセガの代表取締役社長になった佐藤秀樹さん

※1977年、タイトーは通信カラオケタイトー・ジュークカラオケ『トッパーズ・TK』、カラオケテープ『TK-8000シリーズ』発売。

と同期でした。当時のセガは、ソフトウェア開発はまったくやっていなかった。作っているのはすべてメカニクスで、私が最初にやった仕事は旋盤やボール盤という器具で穴をあけたり、削ったりという仕事でした。

入社後、しばらくはメカトロ系の開発をやっていましたが、その後、CPU（Central Processing Unit）を使ったピンボールゲームを開発し始めました。ピンボールゲームにCPUを導入したのはセガが初めてだったと思います。4ビットCPUという、非常に能力の低いものでしたが……。ただ、それを実証するものが何もないし、当時のピンボールゲーム機本体も全然残ってないので、なんとも言えないところはあるんですけどね。

その後は、引き続きメカトロ絡みの開発業務と、『ポントロン』※開発以降はCPUを使わないランダムロジックのビデオゲームをたくさん開発しました。その他には、『ホッケーTV』（1973年）、『ゴールキック』（1974年）、『バルーンガン』（1974年）など、ジャンルを問わず作っていました。

1978年に出たタイトーさんの『スペースインベーダー』以降から、CPUをビデオゲームに使い始めていったと記憶しています。この辺からいろいろなものを開発しましたが、まだセガでは家庭用ゲームとかハードウェアもなかったですね」

吉井正晴はセガがゲーム開発事業に転換しつつあった時期を知る数少ない人物の1人である。生まれは群馬県富岡市だが、生後すぐに親の仕事の関係で東京に引っ越した。高校は都立千歳が丘高校、1年浪人して日本大学理工学部電気工学科に入学。

「当時は趣味でアマチュア無線をやっていまして、電気に興味はあったけど、セガという会社のことは知らなかったんです。当時のセガは完全に町工場でしたからね。あの頃は、日大理工学部卒業して、なんでセガに行くのって言われました」

※1973年導入のセガ初のビデオゲーム。パドルを用いてボールを打ち合うピンポン・タイプのビデオゲーム。

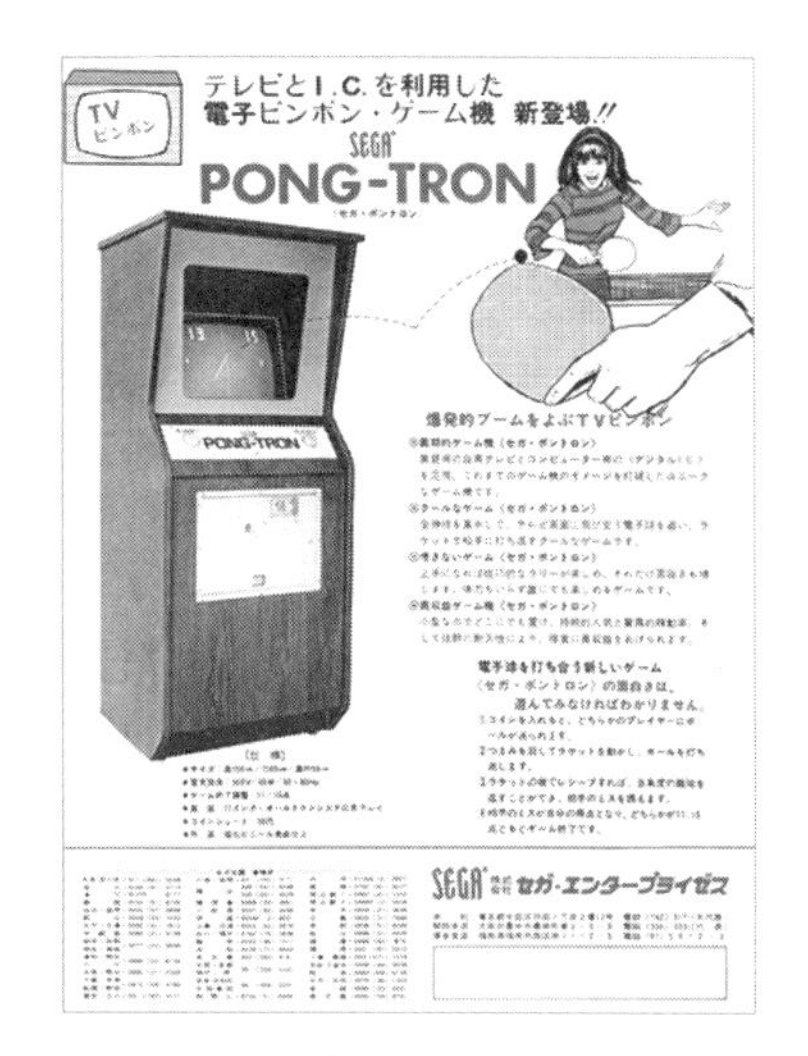

『ポントロン』 ブローシャ
資料提供：セガ

吉井正晴 写真撮影：筆者

日大理工学部卒ともなると、当時から電気系メーカーなどからの引き合いが多かったというが、日大の同級生の親が北海道のセガのエリア・マネージャーのような仕事をしており、その友人がセガに入社する際に、「お前もセガに入社しないか」と言われてセガの入社試験を受けたのだという。

「日大在学中は学生運動の全盛期です。学校に行きたいのに行けない。そういう時期でしたから、1年間ぐらい遊んでいました。新聞に本日の講義は休みと掲載されるので、それで『また今日もダメか……』のような感じです。いつ授業が始まるかわからない状況だったので、その期間はアルバイトをやっていました。川崎にあった日本鋼管という会社の製鉄工場で、夜8時から朝8時までの夜勤。時給は高いんですが、体力的にはきつかったですね。

日大理工学部卒だと順当にいけば、NEC、シャープなどには入社できるんじゃないかって言われたんですが、大きな会社はどこに行っても下から始まるし、地道にキャリアを積むのは面白くないと思っていました。その点、セガは入社したときから面白い仕事ができましたね。

あの頃のセガの主な事業は、バー、スナック、クラブなどへのジュークボックスやスロットマシンなどのリース、販売でした。

でも、ゲームマシンを海外から輸入して、取引をしているだけじゃ面白くない。自分たちでもやってみようと、最初はスロットマシンの開発を進めました。けれども、スロットマシンやピンボールは海外の特許に縛られていて、独自に開発ができるのは、ジュークボックスしかなかった。

ビデオゲームは月イチくらいのペースで開発していました。あの頃のソフトウエアは1回作れば、あとはガワ替えのようなかたちで新作が作れたんです。

同期入社だった日大の同級生は、入社して10年くらい経った頃に、親が倒れたので退職して北海道に戻ってしまいました。

セガ　SG-1000　写真提供：セガ

セガのゲームソフト開発やハードウェア設計は、メカトロから徐々に普通のICを使ったランダムロジックになって、CPUを使ったビデオゲームになっていきました。その後の業務用ゲームはハードウェア的に大きな進歩はなかったんです。なぜかというと、コンシューマ（家庭用）ゲームソフトに開発のリソースが移行してしまって、アーケードのゲーム開発にまで手が回らなかった。そのため、家庭用のデバイスを使って何かゲームを開発しないといけない状況になっていきました」

山田順久は、アーケードを重視しつつも、コンシューマゲームソフトを開発しなければならなかった当時のセガの状況を次のように語っている。

「セガは1983年7月15日に『SG-1000』※で家庭用ゲーム市場に参入しました。任天堂はファミリーコンピュータを同年同日に発売して家庭用テレビゲーム機市場に参入したんですが、最終的には任天堂とは大きな差がついてしまい、一強一弱になってしまいました。

※1983年7月15日発売のセガ初の家庭用ゲーム機。なお、任天堂のファミリーコンピュータとは同日の発売だった。

当時の家庭用テレビゲーム機市場には、おもちゃメーカーのエポック社さんも参入していましたし、ナムコさんも新機種の家庭用テレビゲーム機の開発に打って出ようとしていました。でも、おそらく、家庭用テレビゲーム機開発の技術力がなかったのではと思います。そのため、ナムコさんは家庭用テレビゲーム機の開発を諦めて、ファミコン向けのソフト開発を独自に行った。『ゼビウス』などを家庭用テレビゲームに移植し、リリースしていた時期は250億円くらいの売り上げで利益率が25％くらいあったといいます。私はそれを見ていたので、いいソフトがあれば、任天堂のサード・パーティでもすごい利益になるんだなぁと思っていました」

一方の吉井は、1983〜1984年頃に新しい技術だったレーザーディスクを基板に用いたゲーム開発を行っていた。

「セガが『体感ゲーム』の開発を始めたのは1984年頃ですが、私はそのあたりの経緯はあまり詳しく知らないんです。その当時、私が開発していたのはレーザーディスクを使ったゲームで、『アストロンベルト』[※1]や『アルベガス』[※2]などのプロジェクトに関わっていました。それが忙しくて、『体感ゲーム』についてはあまりよく覚えてないんですよ」

この時期に重なるように、1983年、鈴木裕（すずきゆう）がセガに入社する。鈴木裕は、吉井正晴をゲーム・エンターテインメント・クリエイティブの恩師と慕う。それに呼応するように、吉井は鈴木裕を非常に素晴らしい部下だったと賞賛する。この2人の師弟関係は今でも続いており、お互いの誕生会を催すこともあるという。

「1984年くらいから、いわゆる、後に『体感ゲーム』と呼ばれているものを開発している最中は、鈴木裕君たちのプロジェクトを見ている余裕はありませんでした」

吉井に、セガがローゼン体制から中山隼雄体制に変わった頃のことで印象深いことを尋ねると、以下のように語ってくれた。

※1 1983年導入。国産初のレーザーディスク基板を用いたシューティングゲームで、ステレオサウンド・バイブランシート（ボディソニック）の効果があり、プレイヤーを驚かせた。
※2 1983年導入。合体ロボット、アルベガスを操作して敵を倒すアニメ・レーザーディスクゲーム。

「中山さんが代表取締役社長になってセガはめちゃくちゃ変わりました。一番はコンシューマゲーム機と、そのソフトウェア開発を始めたことです。

中山さんは1979年に副社長に就任したのですが、ローゼン社長としては日本国内できちんとマーケティングができる人材を探していたんだと思います。1983年にセガ株式をG&Wから買収したときは、CSKの大川さんに資金を調達してもらい、買収にかかる株式譲渡費用は100億円相当といわれていました。その新体制をもって、コンシューマビジネスに乗り出したという話です」

STAGE 1

体感ゲーム誕生の瞬間——『ハングオン』の開発とルーツ

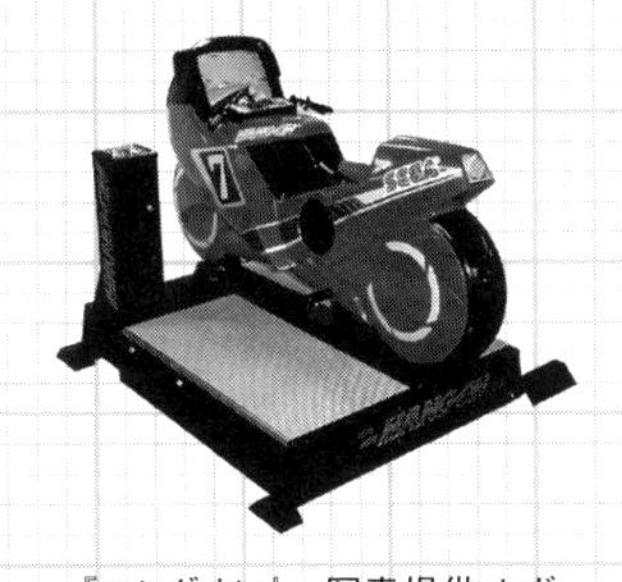

『ハングオン』　写真提供:セガ

コアランドテクノロジーからの持ち込み企画

セガが任天堂に遅れをとっていた家庭用ゲーム機と、それにまつわるソフトウェア開発で血と汗を流していた頃、未来のセガにとって大きな可能性の萌芽があった。それが業務用ゲーム開発の強化であり、なかでも『ハングオン』の大きな成功である。しかし、『ハングオン』の企画と開発経緯についてはは不明な点が多かった。

業務用ゲームの成功は、セガ中興の祖といわれる中山隼雄の大きな功績であり、来るべき時代を見据えて採用された人材たちの活躍によるものだ。

そこには、セガの株式公開で得た潤沢なキャッシュフロー、若き優秀な人材、そしてテクノロジーの急速な進化が伴っていた。そのどれか1つでも欠けていたら、実現には至らなかっただろう。

なお、当時の開発部をリードした吉井正晴は、『ハングオン』の企画と試作筐体を見たときに、それまでアップライト型か、着座して遊ぶテーブル筐体しかなかった業務用ゲームの世界に、〝筐体そのものに跨ってプレイする〟というコンセプトに興味を引かれたという。

ゲームの歴史にその名を残す「体感ゲーム」だが、その原点である『ハングオン』はセガ独自の企画ではなく、外部から持ち込まれたものだ。そこには多くの必然と偶然が作用している。

再び山田順久の証言を基に、その当時の状況を検証する。

「後に『ハングオン』になる企画と機構の持ち込みは、コアランドテクノロジー株式会社からの提案でした」

コアランドテクノロジー株式会社は、1977年に松田靖（まつだやすし）が代表取締役社長として創業した豊栄産業株式会社が、１９８２年にコアランドテクノロジー株式会社に商号を変更。松田と中山隼雄の商取引はエスコ貿易時代まで遡り、当時、コアランドテクノロジーが製造したゲーム基板を数多く販売したのがエスコ貿易だった。

『ハングオン』の基となった企画も、松田と中山の関係性のなかで持ち込まれたという。

当時を知る者によると、中山から「松田が持ってきた企画だから見てやってくれ」という打診がセガにあったという。自社では開発が難しい企画だが、セガならば開発技術力があり、製造ラインもあるので、商品化が可能だと考えたのだろう。しかし、この時点では、のちに『ハングオン』が、セガとコアランドテクノロジー、それぞれの想像を超えた成功をもたらすとは考えていなかった。

「持ち込まれた機構は、株式会社東京アールアンドデー（以下：東京Ｒ＆Ｄ）が作ったもので、バネで筐体を支える形状のモデルでした。その機構はトーション・スプリング方式※というもので、あまり出来の良いものではありませんでした。私が覚えている限りでは、コアランドテクノロジーは、室内用のエアロバイクにテレビモニターをつけて、着座部分をトーション・スプリングで支えてゲーム性を付加するというものだったと思います。その企画と機構をセガに持ち込んで、一緒にゲームを開発しませんかという提案だったので、『ハングオン』というバイク・ゲームになった状態での企画の持ち込みではありませんでした。

今では、エアロバイクに映像をつけたようなものは普通にありますが、セガって割とそういうマジメな企画は不得意なんです。すぐ『遊び』の方向に振ってしまうんですよ」

この機構を提案した東京Ｒ＆Ｄは、１９８１年創業の量産車・競技用車両・関連部品などの研究開発、設計、試作を行う会社で、レーシングカーの設計などを行っていた童夢のメンバーだった、三村建治、小野昌朗、入交昭廣らが独立して創業した。なお、入交昭廣は、のちのセガ副社

※トーション・スプリング方式　かかる力と反対側に反発力がかかる、バネのような力学構造。

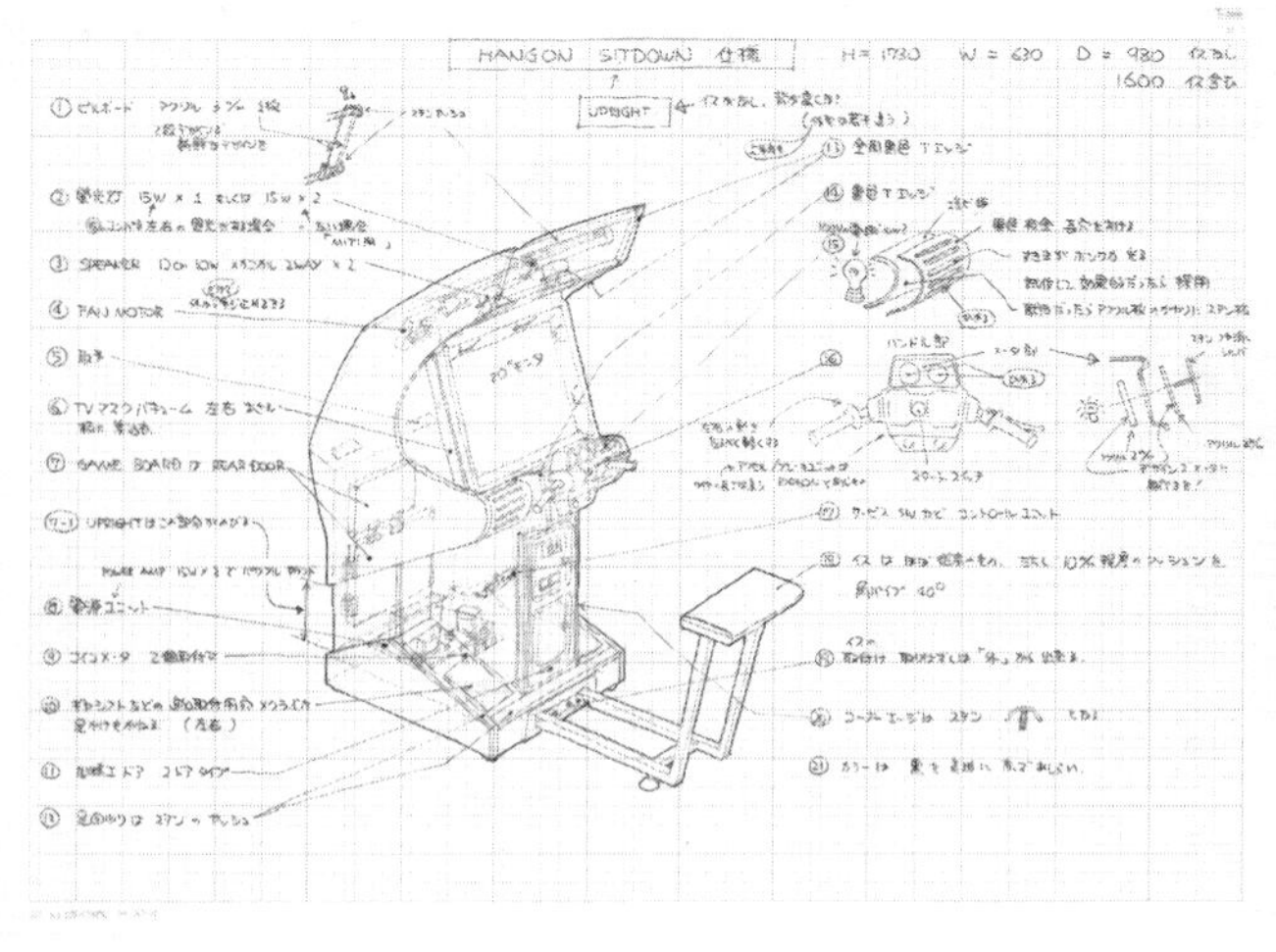

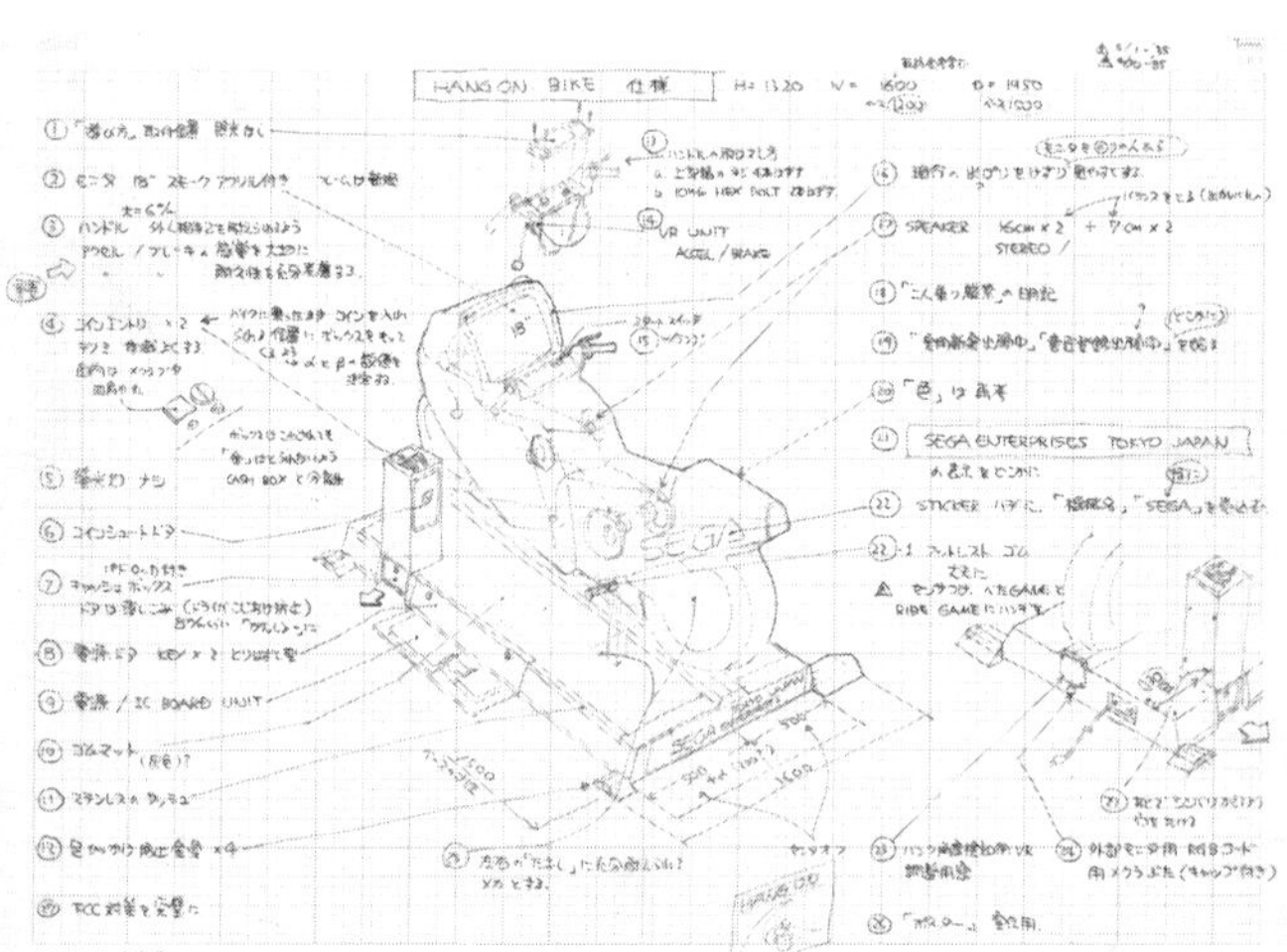

上：『ハングオン』アップライト型の設計図面
下：『ハングオン』バイク型の設計図面

長を経て代表取締役社長に就任した入交昭一郎の兄にあたる。

直立しなかった『ハングオン』の機構開発

『ハングオン』の機構開発は、スムーズに進んだわけではなかった。

「『ハングオン』になる前の企画はあまり順調ではなかったと思います。そんなときに開発の責任者の鈴木久司さんに呼ばれましてね。『山田君よぅ、バイク・ゲームの機構開発がうまくいってねぇんだよ』と言われまして、『お前やれ』ということで、やることになったんです。

でも、一番大きな問題がありました。機構の要になるトーション・スプリングでは筐体が直立しなかったんです。上物の筐体の重さがそれなりにありますから、本来はまっすぐ安定するべきものが左右に傾いていて、不安定な状態でした。プレイヤーが跨って『よっこいしょ』とまっすぐにしないと正立しないんです。

上長に『この機構のままではダメです。違うものにしましょう』と言ったんですが、『東京R&Dからの持ち込みの機構だから、変更できない』という一点張り。これはもう、自分の力だけじゃダメなので、開発部門の責任者の鈴木久司さんに相談しました。

鈴木さんは判断が早いので、『じゃあ、吉川さんに再設計してもらうからよ』と、吉川さんに担当が代わって、新たにコンプレッション・スプリング方式で開発をやり直してもらいました」

そんな開発方針を変更した吉川照男（よしかわてるお）※（現：株式会社アドバンスクリエート取締役）に確認を行った。

「コアランドテクノロジーから機構と企画を持ち込まれた『ハングオン』の試作開発モデルは、

※アドバンスクリエートの代表取締役社長は、長年、セガでハードウェア研究を行い、2001年から2003年までセガの代表取締役社長を務めた佐藤秀樹である。

左から梶敏之、吉川照男、佐藤秀樹。株式会社アドバンスクリエートにて
写真撮影：筆者

バイクをコーナリングするときに本体を傾けるため、ググッと体重をかけられるものにしないといけないというものでした。タイトルの『ハングオン』は、バイクを内側に倒すという意味ですが、それを体感できないとダメだと思いました。問題はプレイヤーによって、体重差があることです。

トーション・スプリング方式ではバイクの挙動をうまく表現できなかったので、コンプレッション・スプリング方式に方向転換しました。変更にあたっては、ショックアブソーバーのようなシステムを検討して、修正していきました。ただ、スプリングを使っただけでは倒した感覚も出ない、さらに人が乗ってプレイして、〝ハングオン〟したときに、反力があり、そこにさらにグーッと体重をかけられるような何かを作るために試行錯誤しました。ゴムの形状も普通の緩衝材ではなく、押し込んでいくとだんだん荷重がかかって、反力があるようなゴムを採用しました。

一方、体重が軽い人が乗った時は、また違

った反応が出ます。スプリングの反動でひっくりかえってもいけないし、そもそも体重が軽いと、筐体が左右の奥までググッと倒れないんですよ。体重の軽い人は、さらに体重をかけるようになるので、機械的な要素で過重がかかった感覚を出すのが難しかったです。負荷が上部にかかるので、そのぶん筐体自体が重くなってもいけないという部分もありました。そうなると持ち運びも大変になりますから、メカ部分には、ほとんど電気を使ってないんです。筐体はモノコックボディでした。そのほうが筐体自体も軽く制作できるということです。

あと、女性が使いこなせるものにするかどうかは、選択を迫られましたね。最初に導入した頃は、女性はプレイしないんじゃないかと思いましたが、意に反してたくさんの女性が『ハングオン』で遊んでくれました。ゲームセンターのオーナーの判断で、当初は店内の奥に設置される事例が多かったようですが、表に面したところに置いたら、目立ちたがり屋がいわゆる〝見せるプレイ〟をしてくれたようで、人気が出てきたこともあったと聞いています。

また、社長の中山さんが『ハングオン』をプレイしていたのが印象的でした。中山さんはあまり新作のプレイをしないんですが、珍しくやっていましたね」

再び山田の証言に戻ろう。吉川が新たに開発に注力したことで『ハングオン』の機構と原型の制作は大幅に進行した。

「吉川さんがプロジェクトに参加して、機構をコンプレッション・スプリング方式にすると、びよよよーんって直立して、プレイヤーが筐体にまたがって力を左右にかけると、左右にぼよよよんって……本来あるべき挙動が実現しました。吉川さんの活躍は本当にすごかったですよ。

筐体の中に軸があるので外からは見えないですが、中心棒にコンプレッション・スプリングをつけているので、最初から左右に圧がかかっているんです。だから、びよよよーんって直立して、圧がかかると、ぼよよよんって、左右に動くんです」

機構の開発構想がまとまったこの時点で、『ハングオン』たりうるゲームへの道筋ができたのだ。

幻の黄色いハングオン筐体は試作

『ハングオン』の大型筐体を見て、何を連想されるだろうか。

個人的には、大友克洋の漫画『AKIRA（アキラ）』[※1]の主人公、金田正太郎のバイクが思い浮かぶ。「AKIRA（アキラ）」がアニメ映画として公開されたのが１９８８年であることから、これは漫画版の金田のバイクが元ネタだと思われる。

立体成形された『ハングオン』筐体の原型制作はＥＶＡ（エヴァ）カーズが行った。ＥＶＡカーズは機構提案を行った東京Ｒ＆Ｄが連れてきたパートナーといわれていて、レーシングマシンなどのＦＲＰボディ成形を行っていた会社である。このあたりの真相に関しては当時の関係者の多くが物故者となってしまっているため不明のままだ。

その筐体の原型を記憶している人物が、山田順久と同時期に生産技術部に所属していた山崎徳明（やまざきのりあき）である。１９７６年、山崎は桐蔭学園工業専門学校を卒業と同時にセガに入社、生産技術部メカトロ課に配属、セガの『ＵＦＯキャッチャー』を開発した宮本智司のもとでハードウェア設計などを行った。

「私は、『ＵＦＯキャッチャー』に携わっていたので、『ハングオン』には関わっていないんですが、別館[※2]の屋上に行くと、試作に使われた黄色のボディ成形筐体がありました。なんせ、40年以上前のことなので、細部までは覚えていないのですが、筐体幅は細く、角張った、カッコ悪いデ

※１　1982～1990年に週刊ヤングマガジン（講談社）に連載された漫画。
※２　セガ旧本社から環状８号線を挟んで反対側に位置した研究開発ビル。初期のゲーム開発はこの別館で展開された。跡地は現在はマンションになっている。

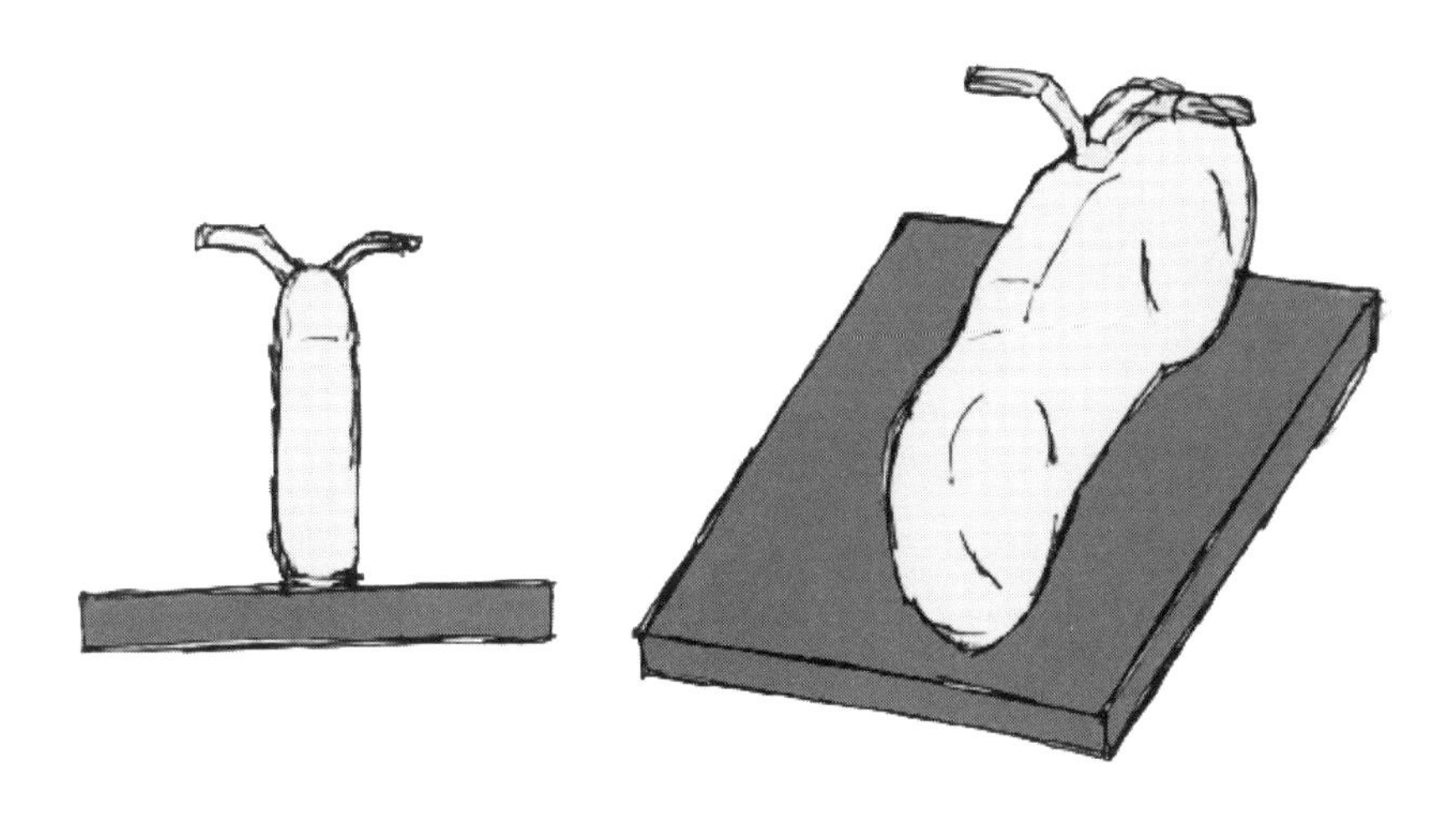

上：株式会社ワイズプロダクツの山崎徳明　写真撮影：筆者
下：山崎の記憶にある黄色い『ハングオン』型　イラスト提供：山崎徳明

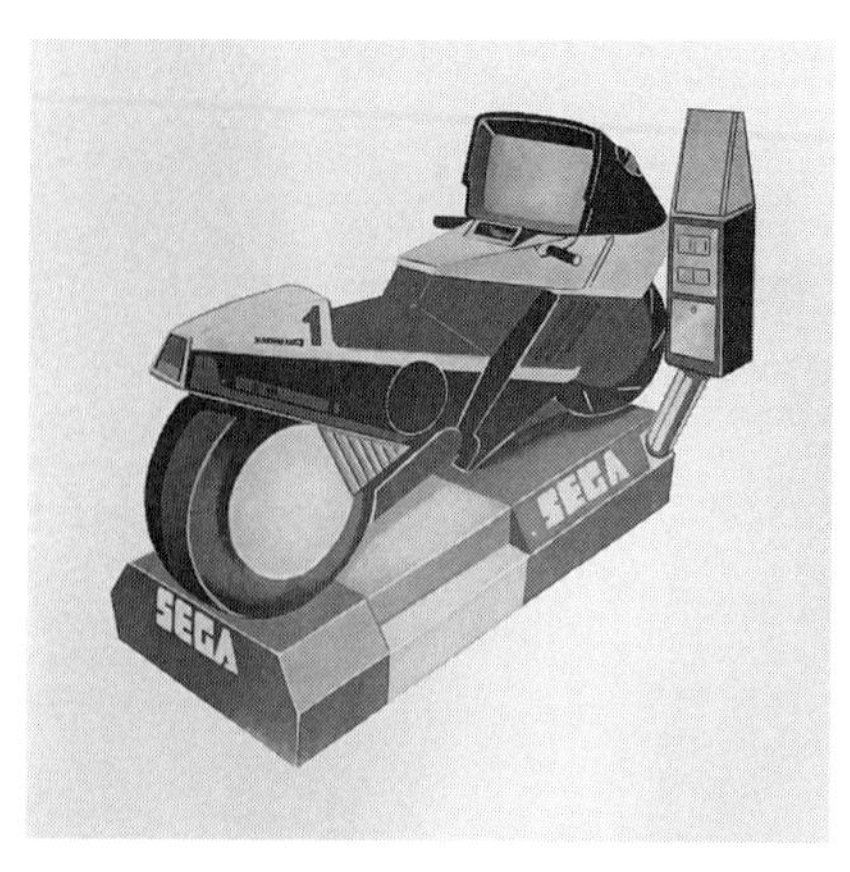

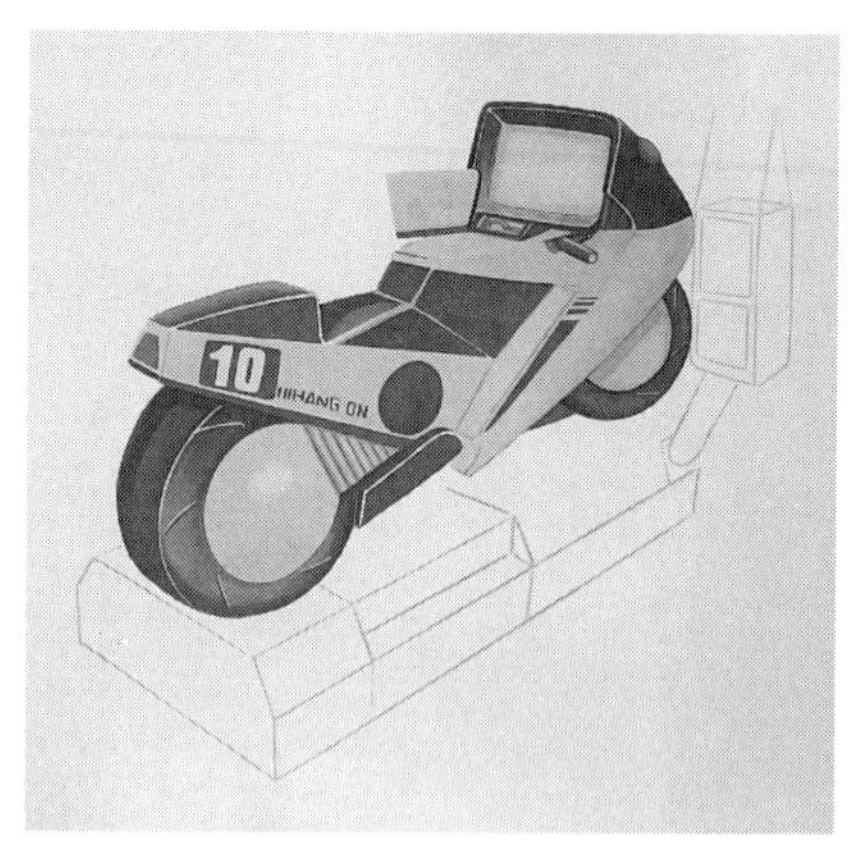

『ハングオン』試作筐体イメージスケッチ　写真提供：セガ

ザインだと思いました。ハンドルの形状の記憶はありません。テレビモニターはついてない筐体でした。あとは、黒い鉄製と思われる台座の中央にセットされていました。試作用に検討したボディだと思うんですが、その頃には用済みになったものを放置していたんでしょうね。当時の記憶を基にイラストにしました」

さらに、セガに最初に持ち込まれたFRP成形筐体にもテレビモニターはなかったという。

「成形された筐体見本がセガに持ち込まれたときは、テレビモニターはボディ内蔵型ではなく、スタンド型で筐体の向こう側にモニターを立ててゲーム開発をやっていたんです。それから、モニターと筐体の一体型になり、乗りながらプレイできるような方向に変わったと思います」

山田順久によれば、テレビモニターをボディ内蔵にしようと発案したのは、当時の開発責任者の鈴木久司だという。鈴木が、筐体とテレビモニターが別々にある状態を見て「筐体の向こう側じゃあ、テレビモニターがよく見えねぇじゃねぇか。これをこうやって、モニターをボディに内蔵しちまったほうがいいんじゃねぇか」と言ったという。

鈴木のこの一言により『ハングオン』は、最終形態として知られるボディ内にテレビモニターを組み込んだ内蔵一体型になったというのである。

吉井正晴も当時のことを覚えている。

「『ハングオン』は、もともとセガの企画ではなかったんです。企画が持ち込まれた経緯は知りませんが、筐体ごと動かして遊ぶというのは興味深かったですね。それまでの筐体はアップライト型か、座って遊ぶテーブルタイプのものが大半でしたから。

『ハングオン』筐体は最初に持ち込まれたのを見ました。その時点で、バイクのかたちをしてはいましたが、何かこう、不格好なものだなと……。当時の社長デビッド・ローゼンさんに、これはどう使うのって話をしました。

トーション・スプリングのバネ機構自体は面白いという話になったのですが、その頃、自分は他のプロジェクトが忙しくて、じっくり見たわけではないんです。コアランドさんとしては、これを商品化したいというお話でした。モニターを外付けにするのか、中に一緒に入れるかで揉めていました。

もともと、筐体ありきで、その向こう側にモニターを置いて、それを見ながらプレイするようにしていたんですが、それだと一体感がない。でも、一体化してしまうとモニター画面が小さくなるので、見えにくいというのがあるし、逆に画面を大きくすると、そのぶん重くなって機構が変わってくるので、そのあたりが苦労したと思います。

『ハングオン』の筐体はよく思いついたなぁと思いました。あの頃はボタンとジョイスティックという入力が飽きられているんじゃないかという時期だったからです。ドライブゲームはハンドル、ブレーキ、アクセルだから変わりようがない。じゃあ筐体そのものを動かしてしまおう、それをゲームセンターに導入しようという考え方はあったものの、なかなか実現ができなかった。あの『ハングオン』の筐体で、左右への体重移動とブレーキ、アクセルでのプレイという発想はよかったと思います。

ただ、『ハングオン』の筐体を海外へ輸出するときは大変でした。外国人は日本人と体格、体重が違いますからね。壊れて事故でも起こったら大変だということで、さんざんテストをやって、かなり丈夫に作りました。日本と海外は仕様が異なるかもしれません」

山田や吉井がこう証言するように、おそらく開発当初は、成形筐体とテレビモニターが別になっており、検討と調整を重ねた結果、鈴木の一言でテレビモニター内蔵型に落着した。

吉井は当時の開発環境をこう証言する。

「セガが、のちに別館と呼ぶことになった本社向かい側の環八を挟んで立っているビルは、以前は真空管などを作っていた会社が入居していて、そのビルをセガが購入したんです。

当時のセガの本社ビルは1、2階建てのもので、高さと容積がなかった。京急線の線路に一番近い棟に研究開発部署が入っていましたが、すでに手狭になっていました。

それから中山さん体制になって、開発人員を一気に増やしたんです。それで開発拠点を拡張する必要があったんですが、当時の本社ビルを増築しようにも、京急線が通っているので敷地を拡張することもできない。じゃあ、向かい側のビルを買って、そちらに研究開発機能を移そうという話になったと思います。別館ビルの半分以上は研究開発と生産技術が使っていました」

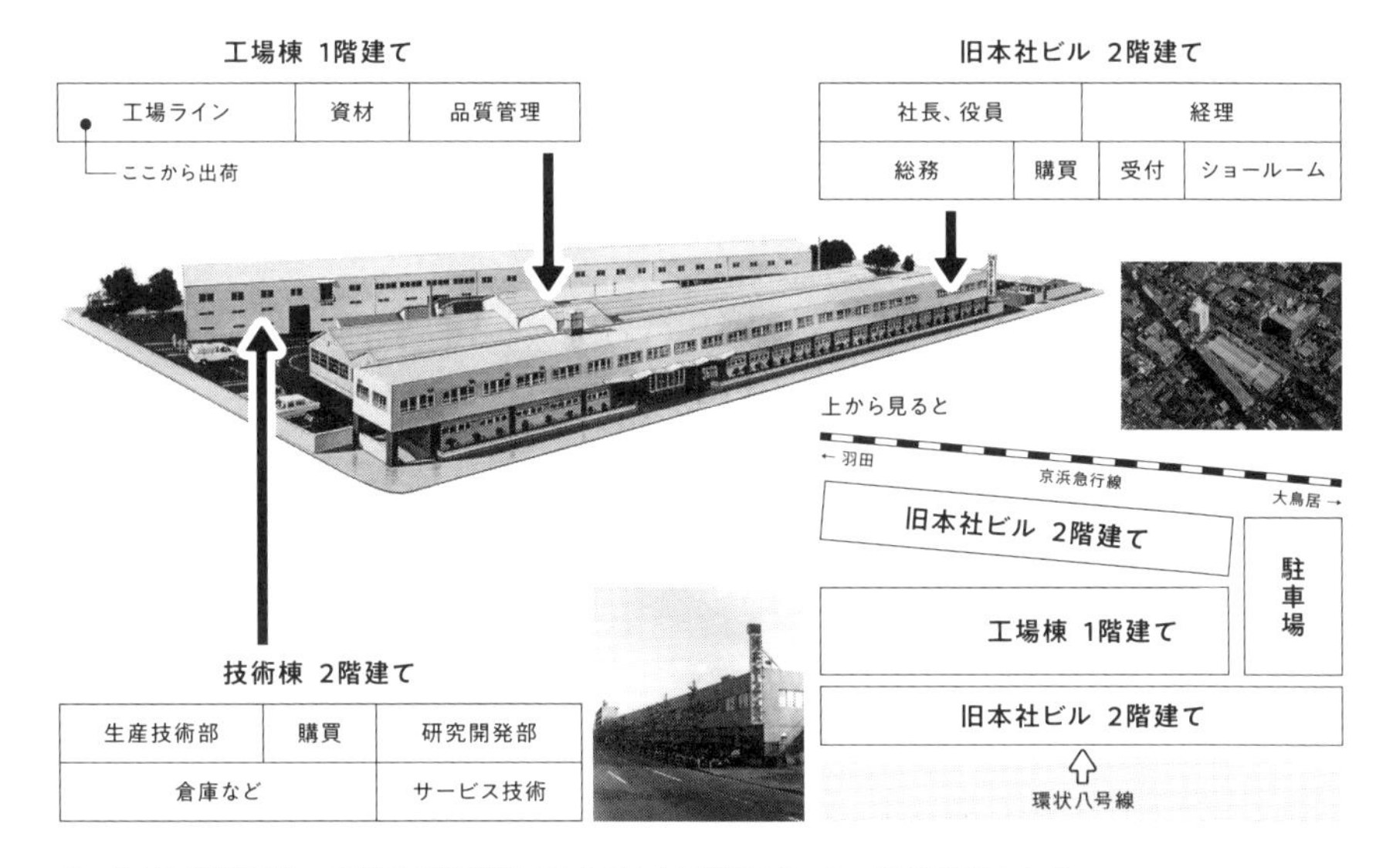

上：セガの別館ビル。環状8号線を挟んで本社と反対側にあった　写真提供：セガ
下：当時のセガ本社図（セガ社屋イラストは当時のセガ公式のもの）に山田順久による解説を入れたもの
写真提供：セガ

『ハングオン』ソフトウェア開発

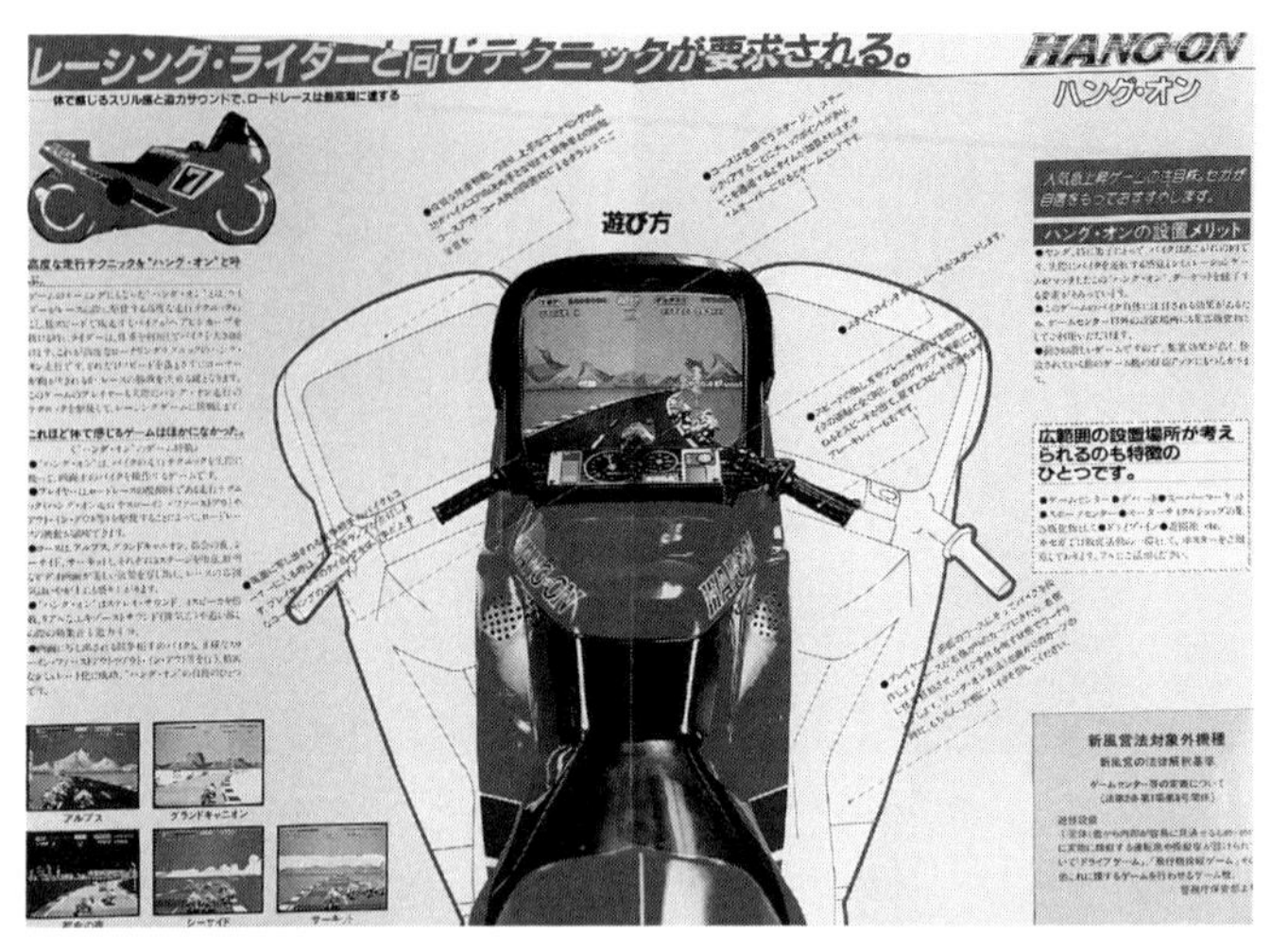

『ハングオン』ブローシャ　資料提供：石井洋児

セガの「体感ゲーム」シリーズを、初期から一貫して牽引した鈴木裕の業績は、多くを語らずとも日本のみならず世界中でよく知られている。

その鈴木裕を、新入社員時代からよく知るのが吉井正晴だ。鈴木は私の取材に対しても「今の自分があるのは吉井さんのおかげ」と語ってくれた。吉井も鈴木のことを高く評価しているのはすでに述べた通りだが、鈴木が『ハングオン』の開発に関わる経緯を吉井に語ってもらおう。

「鈴木裕君は、セガに入社した頃はおとなしい青年でした。派手じゃないけど、発想が面白かった」

今でも年に2回程度、それぞれの誕生日を祝うために定期的に会っているという吉井と鈴木裕だが、今となっては仕事のことはほとんど話すことはないという。

「彼は岩手県釜石市の出身、三陸町ですね。大学は岡山理科大卒業で、１９８３年にセガに入社してきました。大学で何をやっていたのと聞いたら、数学を専攻していたと言っていました。数学なんてやってどうするの？と尋ねたら、『当然、食えませんよね……』と言っていましたね。

鈴木裕君には同期入社の仲間が２人いました。１人はのちのＡＭ１研（第１ＡＭ研究開発部）の部長になる中川力也君、それと片木秀一君です。その三羽ガラスで、みんなソフトウェアの仕事になったので、私のもとで働いていました。

彼らの特性を見て、何が好きなのか、得意そうなのかを考慮して、片木君は入社前からプログラムの知識があったので、すぐにソフトウェアプログラムを始めてもらいました。中川君もすでにいろいろな知識があって、これから勉強すれば更に伸びるのではないかなと思いました。鈴木裕君は大学の専攻が数学科だから、ソフトウェアを作るのは、それほど問題はないと思いました。それぞれが、得意なスキルを持った人たちでした」

鈴木裕が『ハングオン』開発プロジェクトに起用されたのは大学の専攻が数学科だったことと、オートバイが好きだったからだという。

「鈴木裕君を『ハングオン』開発プロジェクトに抜擢したのは、大学の専攻が数学科で、プログラムでいろんなものを表現できる能力を持っているんじゃないかと思ったからです。それで、彼にプログラマーをやってみないかということを伝えました。しかも、彼はオートバイが好きだったんですよ。ちょうどバイクに乗っていて、実際のフィーリングがわかるから、開発企画とプログラマーにちょうどいいんじゃないかという話になりました。

彼にはゲームをモニター画面に出すための計算をやってもらいました。因みに『ハングオン』以前のＣＰＵの使い方は、絵を出したり、全体の量を計算したり、シークエンスをコントロールするとか、そういうものばかりでした。それが『ハングオン』あたりから、物理計算みたいなものに、それを使い始めました。コースマップや距離、あとは他のバイクと衝突したときの動きなどを計算していました。

それまでのレースゲームはコースマップを2次元で上から見るものばかりだったのですが、『ハングオン』は3次元視点になっていました。2次元を3次元に変換計算するということが必要になってきたわけです。それに関しては数学科を出ている鈴木裕君ならばできるんじゃないかと思いました。

それを伝えたら『吉井さん、これは行列計算をすればできます』と言うんです。それで彼に任せました。私自身は、2次元から3次元への表現をするという計算の部分は詳しくなかったんです。

私は、セガで色々なゲームを作ってきましたけど、2次元のゲーム開発はよかったんですが、3次元になった途端にゲーム開発がややこしくなってしまって……。

『ハングオン』に関しては、ハードウェア的にいろいろと試行錯誤を重ねました。でも、ソフトウェアとしても画期的だったと思います。それ以降の体感ゲームシリーズの『スペースハリアー』や『アウトラン』に繋がっていくわけです。ハードウェアの機能さえわかっていれば、それをどう使うかってことになってくる。容量が足りなければ計算用に別のCPUをつけてほしいという話です」

70年代に『ペリスコープ』などのメカトロゲームで日本の業務用ゲーム・エンターテインメント産業をリードしたかに見えたセガだったが、80年代前半くらいには業務用ゲームが徐々に下火になっていくのを感じていた。

それは、前章にも記載した任天堂が1983年7月15日に発売した家庭用ゲーム機、ファミリーコンピュータの成功によるところが大きい。家庭用に関して遅れをとったセガとしては業務用で起死回生となるものを探していたのだ。そのタイミングで１９８５年に『ハングオン』、『スペースハリアー』がヒットした。ある種の神風であり、中山隼雄がもたらした新機軸であった。その奇跡と軌跡を総称したものが「体感ゲーム」であり、その原点が『ハングオン』だ。

なお、「体感ゲーム」という名称は、長年にわたり、セガで業務用ゲーム販売を手掛けた小形武徳専務取締役の命名といわれている。また、セガがカラオケ事業を始めるときに打ち出した「進化するカラオケ」というキャッチフレーズも小形によるものといわれている。

これらは小形本人への確認ができなかったこともあり、真偽のほどは定かではないが、取材した先それぞれで同様の回答があったことも付け加えておきたい。

『ハングオン』ロケテストの衝撃とそのデビュー

『ハングオン』のゲームセンターへの公式導入記録は１９８５年7月となっている。また、同年4月には『ハングオン』発表会が催され、販売部の小形、開発部の安田則夫、鈴木久司に加え、米国セガ社の社長ジーン・リプキンが来日し出席。つまり、それだけの勝算を感じていたと思われる。

業務用ゲームは、テスト・マーケティングと、稼働上の不具合チェックや利便性の確認のため「ロケーション・テスト」、通称「ロケテスト」（「ロケテ」とも）を行うのが通例だ。『ハングオン』のロケテストの結果は先の発表会を行った役員、マネージャーにとっても想像を超える結果だった。その様子を、現アドバンスクリエートの吉川が語る。

「ゲームが１プレイ50円、１００円だった頃に１プレイ２００円で『ハングオン』のロケテストをしたんです。高いんじゃないかという声も社内にはあったと思うんですが、なんと、１日で６万円の売り上げになったんです。

良い場所にあるゲームセンターでは１日で10万円を売り上げた店舗もあったと聞きました。その噂が広まって、オペレーター[※1]さんの中には『１日で６万円の売り上げがあがるゲームをくれ』と買いに来た人もいました。その結果、セガは非常に大きな収益を得て、本社ビル（旧2号館）が建ったんです。『ハングオン』の収益で竣工したから『ハングオン・ビル』と呼ばれていました」

同様にアドバンスクリエートの佐藤秀樹は技術面での『ハングオン』の突出した機能と、鈴木裕のソフトウェアとハードウェアへの強烈なこだわりを語っている。

「私が一番記憶しているのは２５６キロバイトのＥＰロム[※2]26個を『ハングオン』用の基板に搭載したことです。

当時、２５６キロバイトのＥＰロムを製造していたのはインテルだけだったと思います、１個あたり、確か7千~8千円しました。それを基板１台につき、26個も搭載されるので、受注したインテルもぶったまげちゃって、供給できるか、できないか、みたいなことになりました。

『ハングオン』の販売台数が１００台だったらまだなんとかなるでしょうが、それがヒットに伴って販売台数が１０００台、２０００台となっていくと、大変な量になるわけです。当時のインテル・ジャパンが、そのオーダー数に驚いていました。量もすごければ、その受注金額もすごかったわけですから。１つの基板だけで数十万円したと思います。

『ハングオン』の販売価格はわかりませんが、筐体自体の原価は１００万円に近い金額だったと思います。当時は表現がスプライトでしたから、ロムをいくつも用意しないといけなかったんです。

※1 業務用ゲームを買う取引業者を総称したもの。

※2 Erasable Programmable Read Only Memory。消去可能なロム。

鈴木裕君としては、はじめてソフトウェアのメイン担当を任された大型ゲームだったから、彼の要望が強かったと思います。あの頃はＰＣも８ビットから16ビットのＭＣ６８０００[※1]を使い始めたばっかりでした。それで『ハングオン』を開発することになって、鈴木裕君からは『あともう1個ＣＰＵを積んでください』、さらに少し時間が経ったら『もう1個、ＣＰＵ積んでください』と言われて、いきなりＣＰＵを2個積み増したんです。それまでになかったことでしたね。セガで、初めて16ビットのＣＰＵを2個使っているのにまだ足りないって。そう考えると彼はすごいやつですよ。

言っていることはちゃんと的を射ていて、だからこそ、こっちもどんどん応えていくわけです。結果的に搭載するロムが増えていくんですが、当時はスプライト[※2]表現だから、必然的に絵をすべて用意しなくちゃいけない。

彼は、いつも自分の夢を追いかけていて、これはこうじゃなきゃいけないというのがハッキリしていましたね。とにかく、好奇心が強かった。それを具現化する。そのために、梶敏之（かじとしゆき）君に対しても熱心に説得したと思います。それと鈴木裕君は当時から3次元コンピュータ・グラフィックスに関しての興味や感度が高かったと思います。プログラマーはたくさんいたけど、私が『これからはコンピュータ・グラフィックスだよ』と言っても、彼以外はあまり反応しなかったんですよ。

それまでスプライト表現でやってきた開発の考え方から、コンピュータ・グラフィックスになると、今度はジオメトリーという考え方に変わっていかなきゃいけないんです。そうなると、数学的な感性が必要になってくる。当時のセガには開発プログラマーのキーマンが3人くらいいて、『テキサス・インスツルメンツがＤＳＰ[※3]半導体を出して、今後、これを使うとコンピュータ・グラフィックスが簡単に作成できるようになる、今はまだゲームに使えるほどの能力じゃないけど、

※1 モトローラ製のマイクロプロセッサ。
※2 ゲーム内に画像などを出力する表現方法。
※3 デジタルシグナルプロセッサ。デジタル信号処理に特化したプロセッサ。

将来的にはそうなっていくから、これを使ってプログラムの勉強をやってみてほしい』と言ったのですが、鈴木裕君以外は誰も話に乗らなかったんです。彼だけが『面白そうですね』と取り組んでいました」

同じように山田も『ハングオン』に関しては試行錯誤と改善の連続だったと語る。

「『ハングオン』正式販売版に関しては、全面的に再設計したことを覚えています。当初はコイン投入口がかなり低い位置にあって、手を伸ばしてやっと届くような設計だったので、それを修正して、筐体に跨った状態からでもコインを入れやすい位置にしました」

このように各所、各部の修正を経て『ハングオン』は完成した。それはロードレースのような押し掛けスタートではなく、一気にロケットスタートを切り、業務用ゲーム市場を席捲する。

開発プロデューサー石井洋児の存在と回想

『ハングオン』に関しては、鈴木裕の活躍に強くスポットライトがあたるが、実は鈴木裕の先輩社員であり、セガのゲーム開発をリードしてきた石井洋児（いしいようじ）の存在を欠かすことはできない。

石井洋児は1978年にセガに入社、その年の夏にタイトーがリリースした『スペースインベーダー』の衝撃と洗礼を受ける。当時の石井の記憶はこの後に続くインタビューをご参照いただきたいが、鈴木裕が入社した1983年頃、石井洋児はゲームプロデューサーの役割を果たしており、常に複数のプロジェクトを推進していた。ゆえに、鈴木からはもっと石井のアドバイスが欲しいという訴えがあったという。石井は、その頃の『ハングオン』の進捗状況と鈴木裕との関係を以下のように語っている。

『ハングオン』の機構をコアランドテクノロジーに持ち込んだのは東京R&Dだと思います。あの頃、別館の4階にむき出しでトーションバーが置いてあり、その先に小さなモニター画面が置けるようになっていた記憶があります。なんだ、これ？という印象です。でも、それを見た当時の研究開発のメンバーは、このシステムだとバイクゲームしかないという判断だったんだと思います。

コアランドテクノロジーとは、中山さんがセガの副社長になった後も取引が続いていました。僕も一緒に何作品か開発しましたね。『ペンゴ』（1982年）などのゲームも作りました。だから、その経緯で、コアランドからトーションバーを使ったゲームで何か、という提案が来たのかもしれません。僕はその頃は一般社員だから詳しいことはわからないんです」

『ハングオン』の開発中、鈴木裕から山田に対して『ハングオン』の仕様に関して相談があった。それはゲームというエンターテインメントとリアルの狭間で鈴木裕が考えたアウトプットについてだった。

「裕さんから、『ハングオン』をプレイする際に、ペダル、つまりフットレストに足をちゃんと乗せてプレイしたほうが、点数が良くなるような仕様にしたい、プレイヤーの挙動をゲーム化したいと言われたんです。

そこでフットレストに感圧スイッチを付けたいってことになって、実際に付けたんですが、あまり機構的に良くなくて、あっという間に壊れてしまいました。量産品にも感圧スイッチが入っているのですが、プレイするとすぐに壊れて意味なくなっちゃうんで、その機能をオフにできるソフト的な機能があったことを覚えています。

もう1つ覚えているのは、アクセル部分、スロットル部分のパーツは、本物のオートバイのパーツを使ったことです。本物じゃないと、プレイ環境で長く持たないと思っていました。

業界誌「ゲームマシン」掲載の『ハングオン』のセガ広告。左下のゲーム『青春スキャンダル』はコアランドテクノロジー開発　資料提供：ゲームマシン

それで筐体の中に、予備のスロットルとワイヤーをセットで収納して出荷した記憶があります。オペレーターさんのほうでも、機械の中に予備のスロットルパーツが入っているのを見れば、壊れても交換すれば済むものなんだと理解してくれる効果もありましたから。もう少し開発に時間があれば、スロットル関係のパーツをもっと壊れないように作りたかったんですけど、そうはいかなかったですね」

鈴木裕を支えた新人開発者——三船敏

現在のゲーム開発は、作品の規模にもよるが、大型作品になると2～3年の期間を200～300人のスタッフでプロジェクトを遂行することになる。なかには、延々と背景だけを描いているグラフィッカー、キャラクターのモーション研究だけを行っているデザイナー、近年はAIを用いてゲーム内のモブ・キャラクターの配置や動きなどを研究する者もいる。つまり完全な分業体制ができあがっている。

しかし、1985年当時はワンプロジェクト、ワンチームの構成で、極論すれば、スタッフ全員でゲームを開発していた。そんな時代に誕生した『ハングオン』の開発を支えたサポートスタッフの1人に当時の話を聞くことができた。1985年4月に入社した三船敏（みふねさとし）である。

「1985年にセガに入社しました。大森工業高等学校（現在の大森学園高等学校）卒業です。その頃のセガに高卒で入社したのは僕を含めて10人くらいでした。高卒で開発に配属されたのは僕1人。同期には松野雅樹（まつのまさき）さん、伊藤太（いとうふとし）さん、麻生宏（あそうひろし）さん、西川正次（にしかわしょうじ）さんがいましたが、彼らは大卒なので僕よりも年齢は上でした。

高校には、コンピュータ学科がありました。コンピュータについては、触れたことはなかったし、ほとんど知識はなかったんですけど、これからはコンピュータについて勉強するのが面白いんじゃないかと思っていました。

学校では1年の時に電気科とコンピュータ学科が一緒に学んで、2年からどちらかの課を選択するというものでしたが、1年の段階で、おそらく3年で学ぶ分のコンピュータの知識や内容を得てしまったので、2年目以降の授業は退屈なものでした。

そこで、何をしていたのかといえば、簡単なBASIC[※1]でゲームを作っていたんです。それがそのまま職業になるとは、当時は思ってなかったですが。

それと、高校時代はゲームセンターで、パソコンでプレイするゲームとは比べ物にならないほど高精度な画面のゲームを眺めて、これを作っている人たちは、宇宙人なのだろう、というくらいに思っていました。その頃はナムコの『ゼビウス』（1983年）が記憶に残っています。他には、海外から輸入されているゲームでベクタースキャン[※2]で開発された『スター・ウォーズ』（1983年）のゲームがすごいなあと思いました。

セガへ入社したのは学校に求人募集が来ていたからです。当時、ゲーム系だとタイトーさんと

※1 Beginner's All-purpose Symbolic Instruction Code。プログラミング言語で、汎用性の高いプログラミング言語。

※2 VECTOR SCAN。点と線で描画を行い、オブジェクトを構成する方式。

ナムコさん、セガの求人が来ていました。僕が一番好きで、行きたかったのは実はタイトーさんだったんですけど、当時は営業職の募集しかなかったんです。ナムコさんもそうだったと思います。セガだけが開発者募集があったんです。

学校の選科がコンピュータ学科ですから、ゲーム会社の開発募集の求人を受けたがる人は多かったんですが、その中で学校推薦を取れるのは1人しかいないんです。僕は就職に一番重要な時期の成績がめちゃめちゃ良かったんですよ。たまたま3日前から勉強していたところがテストに出たからなんですけど。

それで学校推薦を取ることができて、入社試験を受けにセガへ行ったんです。50人以上は試験を受けに来ているようでした。まず1次試験をやって、それに合格した人だけ2次面接を行いますということでしたが、1次の学科試験は勉強をしていないところが出て、自己採点では70点くらいだったので、これはダメかもしれないと思いました。

その後、セガから連絡があって、学科はパスしたので、次は面接ですということになりました。その面接には鈴木久司さんも居て、今まで自分が趣味で作ってきたゲームの話などをしまして、運よくセガに入社することができました。

あの頃は、環八を挟んだ反対側の「別館」に開発が入っていました。当時、開発部署は1つで、下に課で分かれていたんです。研究開発部には1課、2課、3課、4課があって、3課がゲームセンターのテーブルタイプのゲームを作る部署、4課がゲームセンター向けの大型ゲームを作る部署でした。確か、1課、2課が家庭用ゲーム開発部署だった気がします。僕は3課に配属されました。

ちょうどその頃が、『ハングオン』開発の追い込み時期だったんです。それで新卒者の中から、裕さんが『誰か手伝ってくれる?』と探していて、その時の研究開発部への配属者は自分も含めて4人いたんですけど、その中で唯一キーボードを打てたのが僕だけだったので、僕が『ハングオン』開発チームに入ることになりました。当時は、まだコンピュータが家にある時代じゃないので、他の人たちはまだキーボードに慣れていなかったんです」

こうして三船敏は『ハングオン』開発の後半を担うことになる。

「僕が入社した頃、すでに赤いハングオンの筐体が開発フロアにありました。バイクにモニターがついているもので、最初見た時には『これはなんだ……?』と思いました。

チームに参加してから、初めにやった仕事はデバッグ[※1]です。裕さんからは革の手袋を渡されて、毎日ひたすら『ハングオン』筐体を左右にバッコン、バッコンやっていました。『新しいコースがプログラムに入ったから走ってみて』という感じです。フロアに足をつけず、ステップに足を乗せた状態で走っていました。

その頃は、裕さんもデバッグをやっていましたが、タイムは僕のほうが速かったんです。ハードウェア開発のほうに、僕よりも速いタイムで走る人がいたんですけど、その人はガチのバイク・レースもやっているという川口[※2]（Hiro博史）さんと同期の先輩で、その人にだけはどうやっても勝てなかったですね。

とにかく、毎日デバッグをやっていたので、裕さんがちょっとかわいそうと思ったのかわからないですけど、コースの脇に物を配置するとか、あとはライダーがクラッシュした時の、起き上がりかけのライダーがバタッて倒れたりするアニメーションを組み込んだりしていました。最後のほうは、同じアニメーションの組

三船敏　写真撮影：筆者

※1　ゲーム中の不具合をバグと呼び、それらを見つけ解消する作業を総称する言葉。
※2　セガ所属のゲーム音楽の作曲家。『ハングオン』、『スペースハリアー』、『アウトラン』シリーズ、『アフターバーナー』シリーズなどの楽曲を作曲した。

み替えとかで、自分でもいくつかパターンが作れるようになって、裕さんにどうですかと持っていくと、『いいじゃん、それそのまま入れて』みたいなことになって、徐々に組織に馴染んでいきました」

今では考えられない開発現場

昨今はコンプライアンスなどの制限もあり、ホワイト化しつつあるゲームの開発現場だが、当時は相当ブラックな環境だったと言えよう。しかし、そこで働いている者たちは、むしろそれを自主的に楽しんで開発をしていたのである。

「初めに衝撃を受けたのは、配属されたばかりの忙しい時期だったと思うんですけど、朝、少し早く会社に行ったら、裕さんがまだいなくて、昨日帰りが遅かったのかなと思っていたんですよ。すると、プリンターと冷蔵庫みたいに大きなハードディスクが置いてあるプリンター室から裕さんが寝袋持って出てくるんです。泊まり込んで仕事をしていて、一番快適なプリンター室で寝ていたんでしょうね。

僕も最初は夜遅くまで仕事をしていると、もう帰っていいよって言われていたんですが、しばらくすると本当に忙しくなって、『裕さん、僕も普通に泊まってやりますよ』と言って、よく2人で朝まで仕事をしていました。その3カ月後くらいに『ハングオン』が正式に導入されました。開発中の筐体のゲーム画面を見てびっくりしましたね。もともと、ゲームセンターで出ているビジュアルってすごいなと思っていましたけど、やはり奥行きがある状態で、あれだけスムーズに動いていて、オブジェクトが拡大しながら迫ってくるというのを見た時、うわ……なんだ、これと思いました。自分の常識を超えているものを見た感じでしたね。

『ハングオン』がヒットしたのは嬉しかったです。少なからず関わったものが世に出て、ゲームセンターに置いてあって、それでたくさんの人が遊んでいるところを直に見られるわけです。初めて作る側として、その光景を見たので、これはすごく楽しい仕事だなって思いました。その頃は大変だったとかまったくなく、むしろ趣味の延長みたいに仕事をしていて、趣味の延長にしてはすごい機材を使わせてもらっていると思っていました。

当時の業務用ゲーム基板は、最高で最先端なわけです。それを自分がいじれるっていうだけでも、なんていい仕事なんだと思いました」

『ハングオン』開発外伝
源流を探すと健康自転車ゲームに辿り着く――濱垣博志

ネットのウィキペディアや個人ブログ、SNSのXのポスト、または過去のゲーム系雑誌などを読み漁っても辿り着かなかった『ハングオン』の企画のルーツが取材のなかで明らかになった。

ここからは、関係者の貴重な証言を基に、コアランドテクノロジーからセガに『ハングオン』の企画が持ち込まれた経緯と、そもそものアイデアの源流を紹介する。

『ハングオン』が市場に出回り、体感ゲームという大河と成ったことを考えれば、その源流は一滴の水から始まっているはずである。その一滴とは何か。

登場人物は、当時、コアランドテクノロジーに勤務していた濱垣博志（はまがきひろし）と、セガのハードウェアと家庭用ゲーム機などの設計開発を主導し、２００１年から2年間、セガの代表取締役社長を務めた佐藤秀樹だ。

濱垣博志は１９６０年12月生まれ。一浪して東京造形大学絵画科に入学、１９８３年、大学在学中の４年時に、当時、他社よりも時給の良かったコアランドテクノロジーでアルバイトを開始した。

「出身は鳥取県で、東京造形大学に入学するため上京しました。１９８３年、コアランドテクノロジーでアルバイトとして働き始めました。給与が良かったこともあり、84年の卒業とともに、正社員として就職しました。その頃は、『ペンゴ』（１９８２年）はリリースされていて、『ＳＷＡＴ』（１９８４年）が、ほぼ完成間近な状況だったのを記憶しています。入社してからは、企画立案と、ビジュアル・デザイン関係の仕事につきました」

濱垣博志の経歴に関しては、STAGE ４のスタジオ１２８の章でも触れるが、こちらで詳細な紹介をしておきたい。東京造形大学卒業後、コアランドテクノロジーにてアルバイトの後、正社員採用。そしてセガへ出向し、そのままコアランドテクノロジーを退職。株式会社システムソフトに就職の後、退職し、再びセガ・エンタープライゼスに今回は正社員として入社。スタジオ１２８、第８ＡＭ研究開発を経てセガ退職、株式会社元気を創業して代表取締役社長、ガンホー・モード株式会社（株式会社ジーモード／ガンホー・オンライン・エンターテイメント株式会社が折半出資の法人）の代表取締役社長を経て、株式会社ヘッドロックでゲーム開発を行い、退社。現在は国立研究開発法人産業技術総合研究所に勤務している。

「１９８４年、『ＳＷＡＴ』の次に何を作ろうと企画をいろいろ考えていた頃だったと思います。『エアロビック・パワー１０００』という、自転車タイプの健康器具エアロバイクを活用した、ゲームを楽しみながら運動するという健康ものを作っていたんです。記憶は定かではないのですが、販売はカメラ製造で有名なキヤノン（Canon）株式会社さんでした。

『エアロビック・パワー1000』はスポーツジムに導入しようと思って開発していましたが、果たしてそんな需要あるのか、ということになったんです。その後、『エアロビック・パワー1000』は面白くないということで、これをバイク・ゲームにしてみてはどうかということを提案しました。僕は大学時代に、モーター・スポーツクラブに所属していて、バイクが好きだったんです。当時は、GP500のバイク・レースが流行っていて、フレディ・スペンサーがすごい人気でしたね。私もバイクが好きだったので、フレディに憧れていたんです。それで『エアロビック・パワー1000』を基にしたバイク・ゲームの企画書を書きました。

それをコアランドテクノロジーの松田社長がセガに提案したんだと思います。松田社長とセガの中山社長とはエスコ貿易時代から親しかったと聞いていました。コアランドテクノロジーで開発した『ペンゴ』も、『SWAT』もセガが販売していましたからね。コアランドテクノロジーはセガの開発下請けのようなことをやっていて、コアランドテクノロジーで開発費を捻出して、セガに販売してもらうというスタイルでした」

濱垣の指摘通り、これらのゲーム・タイトルは、「開発：コアランドテクノロジー」、「販売：セガ」というクレジット表記がされている。

「セガさんはパブリッシャーで、コアランドテクノロジーはデベロッパーのような関係でした。セガさんから、こういう基板が余

濱垣博志　写真撮影：筆者

っているからと、少々、性能の劣る基板を押し付けられて、その基板に対応したゲームを2、3本作って出したけど、やっぱり全然売れなかったなんてこともありました」

コアランドテクノロジーとはどんな会社だったのか

「もともとは豊栄産業という会社で、テーブルゲームの筐体修理を手掛けていました。でも、山師っぽいところがある人たちが集まった会社で、ゲームで一発当てようということで始まったんじゃないかと思います。

当初はゲーム開発を2～3人で始めていたようですが、私がバイトで入社した頃は10人ぐらいの規模でした。私が新卒で正式入社したタイミングで、いきなり新入社員を20人くらい採用して、本格的にゲーム開発を始めたようです。

その頃はセガの年配のゲーム開発のプログラマーが、コアランドテクノロジーの教育係をやっていました。

『ペンゴ』が大ヒットして、開発を本格的に始めましょうということになったと思います。それで『SWAT』もヒットして、そのあとに『ザ闘牛』（1984年）、『ごんべいのあいむそ～り～』（1985年）、『青春スキャンダル』（1985年）という、おかしなゲームを作っていました。この中でも『ごんべいのあいむそ～り～』というのが、一番おかしくて、なんちゃってタモリさんとか、なんちゃって田中角栄さん、なんちゃってマイケル・ジャクソンみたいなキャラクターが出てくるんです。

ちょうどその時期から、僕がセガに出向することになったんです。

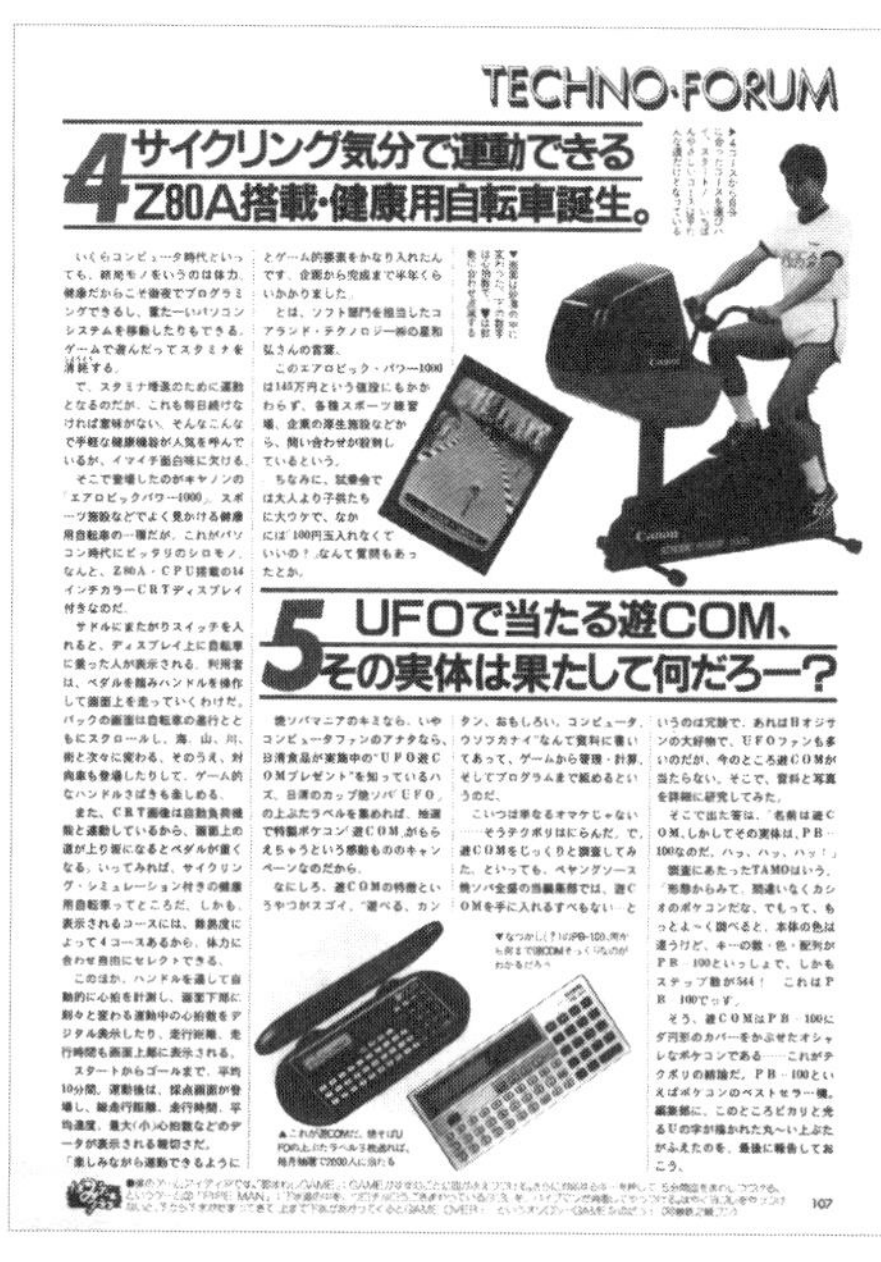

TECHNO·FORUM

4 サイクリング気分で運動できる Z80A搭載・健康用自転車誕生。

いくらコンピュータ時代といっても、結局モノをいうのは体力、健康だからこそ徹夜でプログラミングできるし、重た〜いパソコンシステムを移動したりもできる。ゲームで遊んだってスタミナを消耗する。

で、スタミナ増進のために運動となるのだが、これも毎日続けなければ意味がない。そんなこんなで手軽な健康機器が人気を呼んでいるが、イマイチ面白味に欠ける。

そこで登場したのがキヤノンの「エアロビックパワー1000」。スポーツ施設などでよく見かける健康用自転車の一種だが、これがパソコン時代にピッタリのシロモノ。なんと、Z80A・CPU搭載の14インチカラーCRTディスプレイ付きなのだ。

サドルにまたがりスイッチを入れると、ディスプレイ上に自転車に乗った人が表示される。利用者は、ペダルを踏みハンドルを操作して画面上を走っていくわけだ。バックの画面は自転車の進行とともにスクロールし、海、山、川、街と次々に変わる。そのうえ、対向車も登場したりして、ゲーム的なハンドルさばきも楽しめる。

また、CRT画像は自動負荷機能と連動しているから、画面上の道が上り坂になるとペダルが重くなる。いってみれば、サイクリング・シミュレーション付きの健康用自転車ってところだ。しかも、表示されるコースには、難易度によって4コースあるから、体力に合わせ自由にセレクトできる。

このほか、ハンドルを通して自動的に心拍を計測し、画面下部に刻々と変わる運動中の心拍数をデジタル表示したり、走行距離、走行時間も画面上部に表示される。

スタートからゴールまで、平均10分間。運動後は、採点画面が登場し、総走行距離、走行時間、平均速度、最大(小)心拍数などのデータが表示される親切さだ。

「楽しみながら運動できるようにとゲーム的要素をかなり入れたんです。企画から完成まで半年くらいかかりました」

とは、ソフト部門を担当したコアランド・テクノロジー㈱の星和弘さんの言葉。

このエアロビック・パワー1000は145万円という価格にもかかわらず、各種スポーツ練習場、企業の厚生施設などから、問い合わせが殺到しているという。

ちなみに、試乗会では大人より子供たちに大ウケで、なかには「100円玉入れなくていいの？」なんて質問もあったとか。

5 UFOで当たる遊COM、その実体は果たして何だろー？

焼ソバマニアのキミなら、いやコンピュータファンのアナタなら、日清食品が実施中の"UFO遊COMプレゼント"を知っているハズ。日清のカップ焼ソバ「UFO」の上ぶたラベルを集めれば、抽選で特製ポケコン「遊COM」がもらえちゃうという感動もののキャンペーンなのだから。

なにしろ、遊COMの特徴というやつがスゴイ。"遊べる、カンタン、おもしろい。コンピュータ、ウソツカナイ"なんて資料に書いてあって、ゲームから管理・計算、そしてプログラムまで組めるというのだ。

こいつは単なるオマケじゃない……そうテクポリはにらんだ。で、遊COMをじっくりと調査してみた。といっても、ペヤングソース焼ソバ全盛の当編集部では、遊COMを手に入れるすべもない……というのは冗談で、あれはHオジサンの大好物で、UFOファンも多いのだが、今のところ遊COMが当たらない。そこで、資料と写真を詳細に研究してみた。

そこで出た答は、「名前は遊COM、しかしてその実体は、PB-100なのだ。ハッ、ハッ、ハッ！」

調査にあたったTAMOはいう。「形態からみて、間違いなくカシオのポケコンだな。でもって、もっとよ〜く調べると、本体の色は違うけど、キーの数・色・配列がPB-100といっしょで、しかもステップ数が544！　これはPB-100でっせ」。

そう、遊COMはPB-100にダ円形のカバーをかぶせたオシャレなポケコンである……これがテクポリの結論だ。PB-100といえばポケコンのベストセラー機。編集部に、このところピカリと光るUの字が描かれた丸〜い上ぶたがふえたのを、最後に報告しておこう。

107

上：パソコンゲーム雑誌「テクノポリス」1984年7月号より。『エアロビック・パワー1000』の紹介記事
下：濱垣博志が保有する当時の開発進捗資料
写真撮影：筆者

『ハングオン』は私と石井洋児さんで企画を考えました。プログラマーは、鈴木裕さんと彼の上司だったメカトロ研究開発部の金成實（かなりみのる）さんでした。おそらく、鈴木裕さんはバイクに乗っていた経験や、バイクが好きだったことも起用された理由だと思います。石井さん、金成さん、鈴木裕さんと私の4人と新人社員でプロジェクトがスタートしたと思います。確か1984年春先のことです。それから1年後くらいに、『ハングオン』のロケテストをしたら、お客さんからの反応がすごく良かったことを記憶しています」

リアルな自転車の体感を求めた先に——佐藤秀樹

さて、ここでもう1人、佐藤秀樹の証言を紹介しよう。今回、取材した対象者のなかで、セガの業務用ゲーム開発、特にハードウェア系の開発を牽引してきた現役最古参といっても過言ではない。

佐藤は現在、LEDを使った道路表示機など交通関係、保安関係製品を企画、製造するアドバンスクリエートを経営している。

「1984年だと思いますが、ジムに設置してあるようなエアロバイクにテレビモニターをつけて、モニターの画面を見ながら自転車を漕ぐ機器が『エアロビック・パワー1000』というタイトルでコアランドから持ち込まれていて、セガとコアランドで一緒に開発していました。画面に出すソフトをセガが担当していたと思います。

しかし、ただ自転車を漕いでいるだけじゃつまらないということで、目的意識を持って楽しんでもらうために、漕いだ感じを画面内に反映しようということで、漕ぐとどんどん背景が流れるというソフトの開発をしたんです。

実際に開発したのは青木直喜（あおきなおき）さんで、青木さんに何が一番大変かと聞くと、デバッグが大変ですと言うんです。自転車を漕いで走るときに、坂道の映像が出てくると、ブレーキをかけるとモーター側に負荷をかけてペダルが重くなる。逆に下り坂の時には、負荷を軽くしてあげるというプログラムをしました。コアランドテクノロジーの企画のスタッフもセガに3～4人来ていたんじゃないかな。これが『ハングオン』の開発ルーツになっているんじゃないかと思います。

おそらく、その時期にコアランドテクノロジーの取引先のバイク関連の会社からのアイデアがあったようで……それが東京R＆Dかどうかはわかりませんが、トーションバーを使ったバネの技術をバイクゲームにしたいけど、自分たちだけでは開発ができそうにないということでセガに持ち込まれていたんです。最初はセガ社内の生産技術部のほうで検討をしました」

佐藤が語るこの当時の状況は、濱垣の語る『ハングオン』の開発のきっかけと重なる。濱垣と同じように佐藤も、当時の状況から、エスコ貿易の頃から中山と親しかったコアランドテクノロジーの松田社長が、セガならば技術力もあるし、具体化できると思って企画を持ち込んだものだったのではないかと語る。

ゲーム中に本当の「ハングオン」をやりたかった

濱垣にさらに当時の記憶を呼び起こしてもらったところ、当時のコアランドテクノロジーにはいろいろな人物が出入りしていたという。

「当時のことは、もう誰も覚えていないと思いますが、最初にバイクの筐体を作って、セガさんに持ち込んだのか、それともセガさんが筐体を作ったのか……。それに筐体を作るのに誰がお金を出したのか。ただ、セガさんに持ち込まれた筐体は、本当のバイクのパーツ屋さんが製作したものでした。

私が見たときは、レーサー用のＦＲＰのカウルを使っていて、バイク風のものになった試作品で、その筐体製作は『エアロビック・パワー１０００』の自転車のモックアップ、いわゆる試作筐体を作っていたメンバーと同じでした。

あの筐体製作が東京Ｒ＆Ｄだったのかなぁ……。筐体はバイクとして左右に多少傾くぐらいのもので、そのときはモニターも何もついてないので、とりあえず跨って遊んでみるというものでした。セガさん側は、企画のイメージ通りでいいんじゃないと好感触でした」

その後のトーションバーの改良やバージョンアップは、すでに説明してきたが、濱垣は鈴木裕のゲーム・プログラムが印象に残っているという。

「当時、鈴木裕さんは最初にN88-BASICでプログラムを組んでいました。その後にアセンブラ※に戻すみたいな作り方をしていました。あの頃は、スプライトしかない時代で、鈴木裕さんが岡山理科大学時代に数学を勉強していたためか、３次元のものを2次元に変換（３次元座標系を2次元座標系に変換投影）することができるセガ社内唯一のプログラマーでした。３次元のＸＹＺの画像系を平面に投影したらどう見えるか、これを使いこなすことができたんです」

濱垣がセガで重宝されたのは、グラフィッカーとして有能だったからだという。当時、一緒に仕事をした三船敏も「濱垣さんは仕事が早かった」と証言する。また当時の濱垣は、シンガーソングライターの「さだまさし」に風貌が似ていたこともあり、「さださん」と呼ばれていたと三船は回想する。

濱垣は、『ハングオン』の開発が進んでいる最中、突然、中山隼雄が後ろに立っていて驚いた

※コンピュータのプログラミング言語であるアセンブリ言語をマシン語に変換するソフトウェア。

佐藤秀樹　写真撮影：筆者

ことがあるという。また松田は今風に言えば〝ちょいワルおやじ〟な雰囲気で、インベーダーブームに乗って出てきた1人ではないかと言う。

『ハングオン』は1985年の7月に販売と稼働が始まっていますが、昔の資料を見ると4月に発表会をやっているんです。1984年の夏前には企画書を書いていて、その段階では、高速道路や高架下とかも走れたらいいよねというドリーム企画になっていました。

どうせだったら、バイク型の筐体で、本当の〝ハングオン〟をやりたかったから、バイクを傾けてアクセルを開けたら、車体が立ち上がってくれっていうのを強く主張し続けたんですけど、その部分は鈴木裕さんをはじめとして誰も相手にしてくれず、アクセル開けて車体を立ち上がるのは無理だよと言われて諦めました。

まあ、思うところがあって、セガに居るのは嫌だったので、『ハングオン』のロムがアップした時点で退社しました。コアランドテクノロジーにも戻りませんでした」

『ハングオン』の成功がもたらしたもの

『ハングオン』の成功はロケテストを行った時点で見通しがついていたと思われるが、実際はそれらを大きく上回る収益と成功をセガにもたらした。さらに海外販売分も上乗せされ、それらの収益により、本社ビル（のちの旧２号館）が竣工したといわれており、その後の「体感ゲーム」シリーズ開発への伏線となったことは言うまでもない。

そんな成功を目の当たりにした佐藤が当時の状況を語る。

「『ハングオン』が想像を超えた大成功を収めたあとは、その収益の取り分などで、セガとコアランドの間で少々揉めたという話を聞いたことがあります。ただ、最終的には中山さんと松田さんの間で協議して和解し、うまく収まったようです。しかし、そのあとで、セガの企画開発課長や数名のメンバーがコアランドテクノロジーに転職したんです。そのためか中山さんは外部からのヘッドハントには注意を払うようになりました。おそらくは、こんな調子でうまくいった作品に関わったメンバーを引き抜かれちゃたまらん、ということでしょう」

この中山隼雄の引き抜きへの警戒心は、開発者の待遇改善にも繋がった。『ハングオン』のあとには石井洋児と鈴木裕のキーマン２人に、取材を兼ねて行きたいところへ行ってこいと気持ち良く送り出したことがある。そして、これがゲーム業界初のロケーション・ハンティングとなり、『アウトラン』に繋がっていく。

社員を外部からのヘッドハントから守るには、ガチガチに縛るよりも、少し自由にさせて居心地をアップさせようとしたのではないかと思われる。

また山田順久も『ハングオン』が想定以上に販売されたことを述懐する。

「『ハングオン』で印象的だったのはバイク型筐体タイプとシットダウン筐体の2つのモデルがあったことです。バイク型筐体タイプはゲームセンターでスカートをはいた女性客がプレイすることはないだろうなという見方をしていました。上代は一機250万円だし、100台売れるかな……くらいの感じで考えていたんですよ。

当時、新宿の歌舞伎町に今はもう閉店してなくなったゲームセンターがあったんですけども、そこでセガがよくロケテストやっていたんです。

まだ風営法がなかったので、ゲームセンターも24時間営業ができていたというのもありますが、200円1プレイで『ハングオン』を出したところ、2週間で原価消却、つまり250万円も売り上がったんですよ。24時間、フル回転でプレイされ、常にお客さんが絶えなかった。バイクは走りっぱなし状態で、すぐにコインボックスがいっぱいになってしまいました。コインボックスを、もっと大きく作っておけばよかったなと思いました。コインボックスがコインの重みで取り出せないなんてこともありました」

さらには海外への販売も順調で、セガに大きな利益をもたらした。

「『ハングオン』は、結果的に爆発的なヒットになりまして、バイク型の筐体で1000台は売れました。最終的には基板キットなども入れて3000セットくらいは売れたと思います。

セガは家庭用ゲームで任天堂の後塵を拝していたこともあり、それまでに保有していたソフト資産を家庭用に転換できなかったことで追い詰められて、業務用にいくしかなかったと思うんです。でも、『ハングオン』のヒットで会社に勢いがつきましたし、開発力でも他社と一気に差がついた気がしました。この頃は『ハングオン』を含めた体感ゲームがセガの窮地を救ったと個人的に思っていますし、その立役者の1人が鈴木裕さんです」

『ハングオン』名称決定のエピソード

こちらも山田が当時の状況を語る。

「『ハングオン』のネーミングは、プロジェクトリーダーの石井洋児さんの提案だったと思います。でも、中山さんは反対していたらしくて、石井さんからは『中山さんが経営会議で反対したら応援してね』と言われていました。それで20人くらいで構成されている経営会議で石井さんが『ハングオン』って名称を提案したんですけど、やはり中山さんが『ハングオンって、よくわかんねえよ……』みたいなことを言いだしたんです。それで私のほうで『いや、社長。開発の若い人たちはハングオンがいいって、みんな言ってますよ』と助け舟を出したら、『そうか、じゃあそれでいいよ』ってことになったんです。会議のあとで、石井さんからは『山田さん、助かったよ』と言われました」

鈴木裕のゲーム開発に関しては、言うまでもなく素晴らしい。1994年から彼に仕えたこともある私自身もそれを強く感じている。陳腐な表現しか浮かばないことをご容赦願いたいが、鈴木裕はリアルとエンターテインメントのバランスをとるのが絶妙に優れているのだ。それは同じ時代を生きた者たちの共通の実感ではないだろうか。

『ハングオン』の生産に携わった山田は、開発中に漏らした鈴木裕の言葉に強い衝撃を受けたという。それは鈴木裕が、現役のバイク乗りだからこその一言だった。

「まだ、社内でも目立った存在じゃなかった頃に裕さんが『ハングオン』のソフト部分を担当す

株式会社セガ・ロジスティクスサービスに保管されている『ハングオン』　写真撮影：玉田亮

ることになって、開発中のソフトを見に行ったことがあるんです。そしたら、裕さんが『山田さん、これは競争相手がいない状態で走るのが、一番気持ちいいんですよ』と言っていたのがとても印象的でした。

当時のゲームは、敵キャラクターや、ライバルのレースカーやライダーがバンバン走って、ぶつかり合ったりしているのが当たり前の時代でしたからね。

ドンパチやるのがゲームという時代に、そんなことを考えるなんて、すごい人だなと思いましたね。そのような敵キャラがいない状態で走るというのは、その後の『アウトラン』に反映されています」

解き明かせなかった『ただいま特訓中』

『ハングオン』にまつわる企画開発を紐解くなかで、最後まで不明のまま終わるタイトルを本章の最後に紹介しよう。それがコアランドテクノロジーが開発していた『ただいま特訓中』（1985年）という幻のゲームである。当時のゲーム業界紙などへの広告で、その存在は知られているものの、どういう経緯で作られたのか、謎に包まれた筐体で、今回の取材においても本作の制作について語れるものは皆無であった。

これは、濱垣博志がセガに出向している間に、コアランドテクノロジー内で開発されたもので、おそらく『エアロビック・パワー1000』のタイトルを変更し、ゲームとしてバージョンアップしたものと思われる。濱垣によると「自分は当時、セガに出向中で『ハングオン』に集中していたので、コアランドテクノロジー内部で何を開発しているかは把握していなかった」という。

『エアロビック・パワー1000』も、『ただいま特訓中』も、実際のところ、販売はあまり振るわなかった。現在、フィットネス産業には、『ただいま特訓中』や、『エアロビック・パワー1000』に類似したものがある。これらの機器は時代が早すぎたのかもしれない。しかし、未来は過去の集約が結実することであると考えれば、今、我々の身近にあるものが未来を啓示しているのかもしれない。

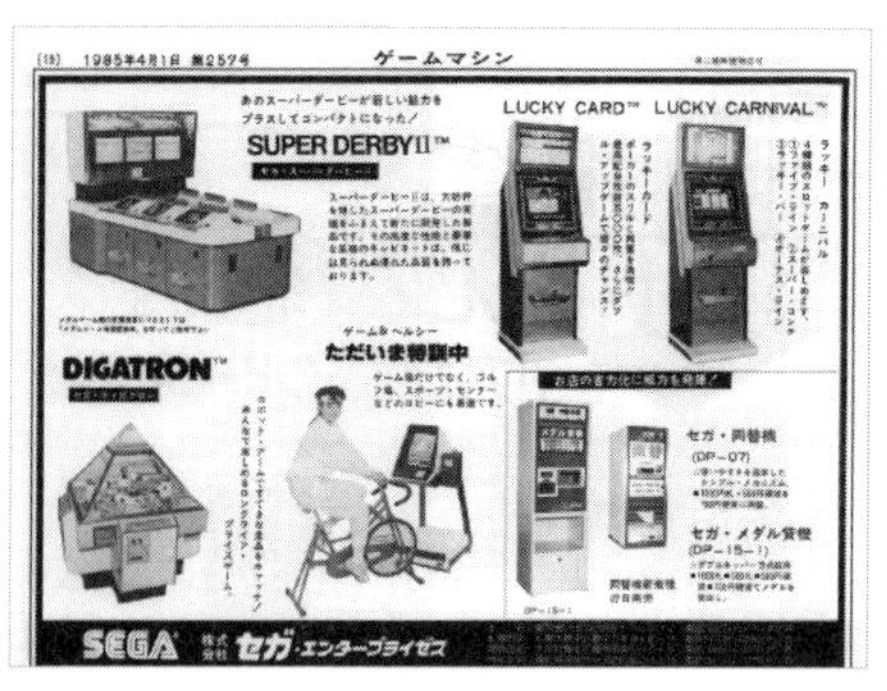

ゲームマシン　第三種郵便物認可　(20)

話題のマシン

自転車に乗ってTV画面でレースゲーム

ペダルでプレイ

コアランドから「ただいま特訓中」

自転車レースをテーマとしたTVゲーム機「ただいま特訓中」が、コアランドテクノロジー(株)(本社東京、松田朱義社長)から発売となっている。

これは14"TVモニターと本物の自転車を組合わせ、ペダルを踏みながらハンドルに付いたボタンを操作し、TV画面上でゲーム展開を行なうというもので、体力を使うTVゲーム機。全部で九パターンある。

画面に自転車に乗った二人の選手がいて、プレイヤーは右側選手を操作する。ペダルでスピードを加減し、ボタンでカーブを曲がる時の角度を決めながら進み、相手選手より先にゴールすれば一レース(パターン)クリア。レースは五千㍍までが九つに区切られており、各レースの距離は長くなっていく。数パターンごとに障害物が出現するが、これは一定速度以上で走れば越えられる。画面下部には時速、走行距離、相手との距離差など各種データが表示されている。

相手が先にゴールした時、スタート時に三回フライングした時、時速四〇㌔以下に落ちた時、障害を越えられなかった時はそれぞれゲーム終了。好タイムでイニシアルを入力できる。なお同機はゲームを続けたくても、体力がついていかない場合はそこでゲームをやめざるを得なくなるので注意。定価六十五万円。

ただいま特訓中

「クラウンズゴルフ」の続編

さらに本格志向

エスコから「イン・ハワイ」サブ基板

TVゴルフゲーム機「クラウンズゴルフ・イン・ハワイ」が、(株)エスコ貿易(本社東京、森健次郎社長)から発売となっている。

これは大平技研工業(株)開発によるもので、「クラウンズゴルフ」の続編。エスコが総発売元となっている。ヤシの木を背景に海越えのショットがあるなどハワイムードが漂う中、一クレジットでスコアに挑戦、五クレジットでハーフラウンドのプレイとなるのは前機種と同じだが、二人用では片方が女性キャラクターとなり男女のマッチプレイができること、OBラインの設定、クラブが十四本のフルセット、「ナイスショット」などの音声が七種に増えたことなどが新しく加わった点。

ゲームの基本プレイは前機種と同じで、ボタンでクラブを選択し、ショット方向を決め、画面左下表示によりスタンスを決定、そして左側の全体図により風向き、風速などを考慮してレバーでショットする。各ホールともパーの二倍を叩くとギブアップ。四オーバーでゲーム終了。前機種からの改造サブ基板販売のみで定価六万八千円。

クラウンズゴルフ イン・ハワイ

光線銃付き乗物

朝日エンジニア製、思川総発売元で

雑誌「ゲームマシン」1985年4月号掲載の
『ただいま特訓中』の記事と広告

STAGE 2

3DCG開発前夜、天才・鈴木裕の矜持が詰まった『スペースハリアー』

『スペースハリアー』　写真撮影:筆者

「売れなかったら給料は要らない」

セガの体感ゲームの歴史の中で、『ハングオン』に続き、セガの技術開発力と鈴木裕率いる精鋭チームがその実力を遺憾なく発揮した作品が『スペースハリアー』である。この頃、大卒の新入社員の募集を強化したこともあり、セガには多くの優秀な人材が集い、育っていた。彼らもまた、セガの新しいエンターテインメントの担い手であり、数多くの新次元的なゲーム開発に貢献したといえよう。

本章ではまず、『スペースハリアー』の筐体開発に貢献した松野雅樹に話を聞く。現在、松野は株式会社ユーノゲーミング代表取締役社長としてアーケードゲームの企画開発、製造を行っている。

「1963年生まれで明星大学機械工学科を卒業して、1985年4月にセガに入社しました。当時は、今みたいにセガ自体を知っている人も少なかったし、どうしてもセガに入りたいと思って入社試験を受けたというわけではなかったんです。たまたま大学に来ていた求人票を見て、知っている会社だったし、いいかなと思って受験したら、あっさり内定をもらって入社しました。すごく軽い気持ちでしたね。

僕らの世代だと、セガの存在はエレメカとか、デパートの屋上の遊戯コーナーやゲームセンターにあるゲームを作っている会社くらいの認識でした。ただ自分自身は、セガのアーケードゲームを小・中学校時代にプレイしたこともありましたので、セガのことは知っていました。当時の中山隼雄社長が、敵キャラクターが豚に見えることから〝ブタ殺し〟と呼んでいた『スペースインベーダー』のコピーゲーム『スペースファイター』で遊んだこともあります。

『スペースハリアー』SEGA AGES 版の画面写真　写真提供：セガ

松野雅樹の近影　写真撮影：筆者

僕はセガが外資から株式会社CSKの傘下になった初年度の新入社員で、同期入社の社員が120人くらいいたと思います。新卒を一番多く採用した年度といわれていました」

松野と同じく1985年にセガに入社した伊藤太。現在は、株式会社イデアゲームスを経営しており、アーケードゲームの企画開発を行っている。

「松野と同じく、1985年にセガに入社しました。1964年生まれです。僕は高専、青物横丁にある東京都立産業技術高等専門学校の電子工学科を卒業しました。5年制なので、20歳で卒業して、そのままセガに入社したんです。

当初は、ものづくり系の会社を志望していて数社を候補に考えていたんですが、求人があった中でセガの面接が一番早かったので決めました。出身も東京でしたし、学校からも近かったからというのもあります。当時はセガがまだ外資系企業だったので、早くから週休2日制だったんです。あの頃は完全な週休2日制という企業はまだ多くなかったですからね。

3カ月ほど、オン・ザ・ジョブ・トレーニングがあって、入社してすぐから仕事は多かったです。あの頃はまだジュークボックスの修理をしていて、倉庫にはジュークボックス用のドーナツ盤レコードの在庫がたくさんありました。

入社から3カ月くらいたって、研究開発部に配属されました。おそらく人員がそんなにいなかったからでしょうね」

松野、伊藤が入社した年度は、新入社員を数多く採用した年度であるとともに、大きな組織改編も行われた。彼らが入社するまでは、研究開発部、生産技術部という2部署体制だったものを、それらの責任者だった鈴木久司が大胆に組織改革したのだ。

第1研究開発部はソフト開発部署、メカトロ系ハード開発は第2研究開発部、第3研究開発部はSG-1000などの家庭用ハード開発となり、後のセガサターンやドリームキャストなどを設計

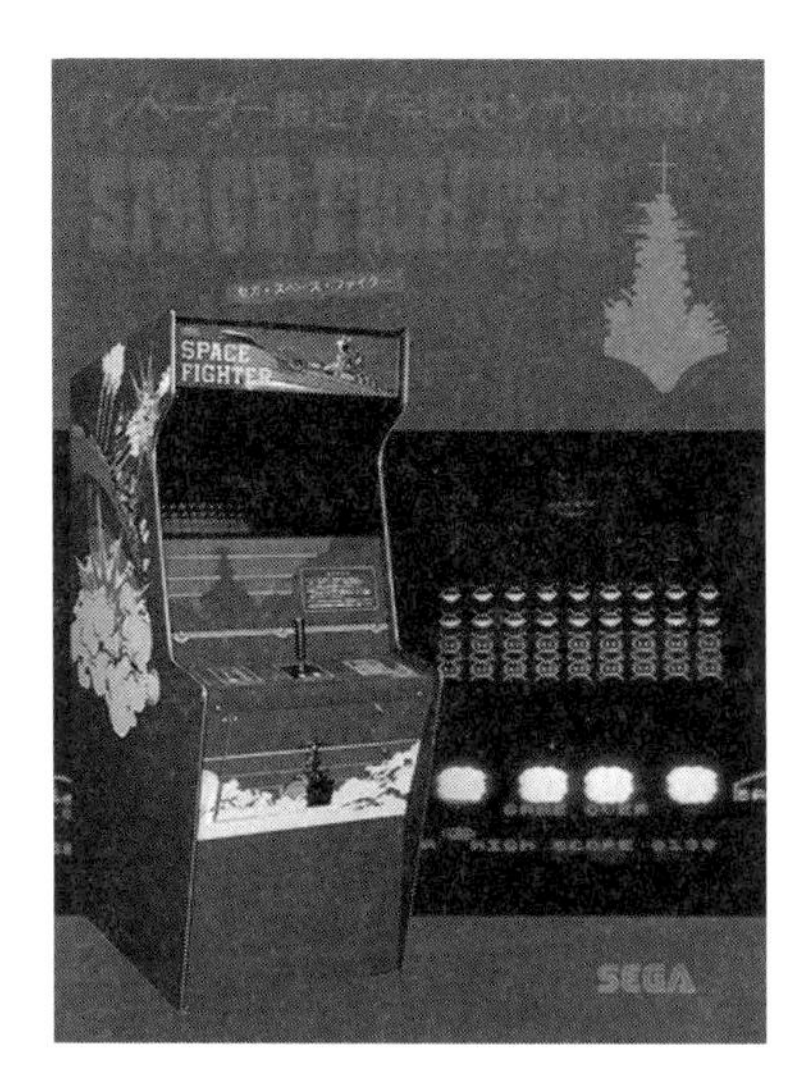

『スペースファイター』 写真提供：セガ

伊藤太　写真撮影：筆者

する部署の前身となった。第4研究開発部はトイ関係の開発部署で、当時は『ロボピッチャ※』などの開発を行っていた。
松野、伊藤の配属先は両名ともに第2研究開発部だった。松野が続ける。
「入社した頃はすでに『ハングオン』が完成してロケテストも終わって、量産が始まる手前くらいの頃でした。そのあと本格的な仕事になったのは『スペースハリアー』で、初期の実験段階から参加しています。セガ本社ビルの向かい側にあった別館が勤務場所で、そこに研究開発系の部署が全部入っていました。自分たちは4階で、ハード開発部署は5階、鈴木裕さんたちは3階にいました。

でも、『ハングオン』がヒットするとソフト開発は新しい本社ビルのほうに移っていきました。自分たちが入社した頃の本社はセガの古い社屋紹介でよく出てくる横長の工場みたいな建物だったので、『ソフト開発だけ新しくてきれいなオフィスに移って、いいな』って思っていました。

我々のほうは、工作機械とかもあったから、そう簡単に社内移動ができなかったんです。ソフト開発は極論すればコンピュータとモニター、キーボードだけ持てば移動できるじゃないですか。

鈴木裕さんは、僕らが入社した頃はすでに『ハングオン』を開発し終わっていて、『スペースハリアー』の開発に取りかかっていた頃ですね。裕さんの部署は『ハングオン』の開発に時間がかかっていたから、ずっと僕らと同じ別館ビルのフロアで仕事をしていました。泊りがけのときは、ダンボールを敷いて寝ていましたね。

自分たちの直属の課長が吉川照男（よしかわてるお）さんでした。

『ハングオン』はメカゲームでメカトロではなかったと思います。モニターを搭載したことでエレクトロニクスともいえますけど、筐体制御に電子部品は使っていなかったんです。

一般的には体感ゲームという括りですが、そもそも誰が体感ゲームって言い出したんでしょう

※子供向け家庭用ピッチングマシン。

ね。自分たち開発からは言ってないですから。『ハングオン』はそもそも体感というよりも、自分の体を使って遊ぶゲームだから、『体汗（たいかん）ゲーム』と言う人もいました。

『スペースハリアー』では、僕はメカ部分を担当して、伊藤は製造担当でした。僕らの世代のデビュー作品ですね。最初の頃の『スペースハリアー』はモーション・ベースのキャビネットの原型があって、なんか動くものをやろう、ということだったと思います。そういう意味では、後の『R360』と同じで、どこかであんなものがあるけど、それよりも、もっとすごいものを作ろうというところからスタートしていたと思います」

後述するが、同じくハードウェア開発に大きく関与した吉本昌男（よしもとまさお）も、この頃のセガは、まったくのゼロからの発想というよりも、すでにどこかで、誰かが作ったものをより良いものとして仕上げていくようなものが多かったと言う。

松野が続ける。

「鈴木裕さんが『ハングオン』のあとに作り始めたのが『スペースハリアー』でした。開発当初は、イギリスの戦闘機ハリアーがモチーフのシューティングゲームで、プロトタイプには画面に戦闘機が出ていました。展示会用の筐体が戦闘機風のデザインになったのはそういう背景があるからです。

それが、気が付いたら『スペースコブラ』※風なデザインに変わっていました。どうやら、鈴木裕さんがファンタジーな世界観で人型のキャラクターがエネミーを撃ったほうが面白いんじゃないかということになって、戦闘機から人型キャラクターに変わったということだと思います。筐体自体が戦闘機っぽいと言われましたが、その辺は、まあ聞かないでおいてくれという感じでした」

戦闘機から人型にキャラクターが変更されたというソフト開発の進捗を間近で見ていたのが、

※漫画家 寺沢武一のSF漫画「コブラ」をTVアニメ化した作品。

松野、伊藤と同期だった〝敏ちゃん〟こと三船敏である。

三船敏はSTAGE 1で触れた通り、大森工業高等学校出身で、在学時はコンピュータ学科にて勉強に勤しんだ。

先述したように、三船とともにセガに高卒（高専含む）で入社したのは、彼を含めて10人ほどで、そのなかでも研究開発部に配属されたのは三船1人だったという。同期には松野雅樹、伊藤太、麻生宏（後述）、西川正次（後述）がいた。

「『ハングオン』の開発と導入が終わって、次の『スペースハリアー』は大急ぎで開発することになりました。1985年10月の第23回アミューズメントマシン・ショーに出展し、12月には販売するという計画でした。開発期間は実質あと3カ月しかないというスケジュールで作らないといけなかったんです。

それを実現するために新卒中心に若手ばかりをチームに集めました。ショーの直前にはみんなで合宿をしたりして、いわゆる〝無理が利く〟メンバーを集めていました。その頃は『ハングオン』のヒットにより旧2号館、通称「ハングオン・ビル」が建っていました。開発部は別館から旧2号館に引っ越しをすることになっていたんですが、我々の『スペースハリアー』のチームは引っ越しをしていると開発納期に間に合わないということになって、そのまま別館に居残り続けて開発していました。誰もいない別館ビルのフロアに自分たち『スペースハリアー』の開発チームだけが残っていて、がらんと空いた場所には引っ越しで使ったダンボールがあって、いつでもそこに寝っ転がれるみたいな状態でした」

三船が『スペースハリアー』のソフト開発当時の状況を語る。

「『スペースハリアー』は、鈴木裕さんの企画ではなく、最初に別の方が作成した分厚い企画書があったんです。

戦闘ヘリが飛ぶ3Dシューティングみたいな企画だったんですけど、その企画書を見て思ったのが、このままではゲームにならないんじゃないかということです。

要するに企画書にはカッコよく書いてあるんだけど、都合のいい角度で描かれた画像がたくさん載せられていて、これはどうやってもゲームにそのまま落としこめないっていうものだったんです。当時の僕が見ても、それがわかるぐらいに。

それで裕さんが別の企画内容に変更して、裕さん主導で世界観から何からを作っていきました。今でもはっきりと覚えているのは、裕さんがゲームを戦闘機から人型のキャラクターに変更する際に周囲の反対もあったんですけど、上層部に対して『売れなかったら給料は要らないから、人型のキャラクターでやらせてほしい』と宣言したことを覚えています。

裕さんのゲームの作り方は、そもそも企画書とか仕様書がないんです。

ある程度、簡単なやり取りを口頭で『こんな感じにしといて』と言って、途中経過を見て、ここはもうちょっとこうしてみたいなやり方です。裕さんがこだわる部分は、裕さんが自分でプログラムを作って画面に出して見せるまで、何をやっているのか全然わからない。なので、一松模様みたいな地面がスクロールする画面も、裕さんが自分で手を動かして作って『これでいける!』って見せてくれた時に初めて、『ああ、こうしたかったのか』ということがわかるんです。

裕さんのすごいところはプログラマーの能力はもちろんですが、ハードウェア的な技術・その性能を使う発想力です。当時の3次元コンピュータ・グラフィックスは疑似3Dで、まともな3D表現をやろうとすると、処理が重くてオブジェクトを動かせないんですよ。

なので、まともな人だったらやろうとしないんですが、裕さんは奥行きをものすごく簡単に端折ることによって3Dっぽく見えるようにして処理速度を稼ぐみたいなことをやっていた。それは当時のプログラマーからすると、なんでこんなことしているんだっていう発想で、ある種の邪

『スペースハリアー』　写真撮影：筆者

道なのですが、動かして、物を乗せたら、これでいいじゃないかという風に見えるんです。

　画面の端のほうって、中央のカメラの位置から見たら、奥行きがあり、斜めになるから距離が離れるんですよ。正面は近いけど、同じ距離だったら本当は扇形になっていないといけないのですが、そこを関係なく地平線まで同じ距離にすることによって、３Ｄの処理をめちゃめちゃ軽くするっていうことを裕さんはやっていたんです。

　最初、僕は何をやっているのかよくわからなかったけど、徐々に自分でも作るようになっていきました。『スペースハリアー』は一部のボスを除いて、地上のオブジェクトの配置と敵の動きは僕が作ったんです。

　最初は方眼紙に書いて座標を拾うような方向で作っていたのが、だんだん、その空間の数字感がわかってきて、ノートに絵を描いてこんな形で動かそうと思ったら、あとは頭の中でそのまま数字を打ち込んでいくと、だいたいそういう形が再現できて、細かいところを詰めるみたいな作り方ができるようになったんです。今だったら簡単に３Ｄができるし、ツールとかもあるでしょうけど、その頃はすべて手作業で作っていたんですよ。

　ただ、裕さんもむちゃというか、すごかったのは、セガに入社してまだ半年も経ってない僕のような新卒社員に、ゲームのレベルデザインみたいな部分である敵の動きや配置を『全部、お前やれ』と指示していたわけですからね。

僕だったら、それは怖くてできない気がします。僕はテーブルゲームの部署3課に配属されていたのですが、『スペースハリアー』のリリース後に、正式に4課に異動になりました」

『スペースハリアー』改め、命名『アストロマン』!?

三船は『スペースハリアー』のタイトルについて、今まで聞いたことのないエピソードを披露してくれた。

「『スペースハリアー』の開発途中は戦闘機の形をしたものが飛んでいるゲームでした。ショーに出すまではそのままだったので、タイトルも『スペースハリアー』だったんです。そのあと、人型キャラクターに変わってからも、タイトルへの愛着があったのでハリアーのままでいいじゃんという話になっていたんですが、北米のセガから、海外販売用はタイトルを変えてくれというオーダーがあったんです。

そのネーミングは『アストロマン』(ASTROMAN)だったんですが、これを聞いて裕さんも僕も『いやぁ、ないわ、ないわ……』と言っていたんですけど、ある日、北米のセガのメンバーが日本に来て、英語で『アストロマン』って言った瞬間に、ちょっと、カッコいいなと思ったんです。おそらく発音の問題でしょうけど、日本人が『アストロマン』っていうのはすごくカッコ悪いんですけど、英語で『アストロマン』って言われると、カッコよく聞こえちゃうんです。

あの当時はまだマーベルの『アイアンマン』は知られてなかったし、海外の人から見るとタイトル付けって、そんなものなのかなと思ったのですが、幸い『スペースハリアー』は『アストロマン』にならなかったんです」

STAGE 3

超進化系ドライブゲーム『アウトラン』の走り

セガの受付前に展示されている『アウトラン』筐体
写真撮影:筆者

ドライブゲームの系譜

ドライブゲーム、レースゲームはビデオゲームの歴史において、黎明期から存在しているジャンルにもかかわらず、いまだに根強い人気を誇っている。

それらのなかでも、『グランツーリスモ』シリーズは非常に高い評価を得ている。『グランツーリスモ』は、実車の仕様、装備品などのスペックをゲーム内で忠実に反映。同時に各種サーキットなどのリアルな路面データも徹底的に研究し、それらをゲーム内に反映したシミュレーターとしての評価も高く、海外において、レーシングドライバー育成のためのシミュレーション・プログラムとして活用され、優秀なレース人材の発掘に役立っている。

『グランツーリスモ』は、山内一典（やまうちかずのり）率いる株式会社ポリフォニー・デジタルが開発を行い、ソニー・インタラクティブエンタテインメントが販売を行っている。ゲームジャンルは「ドライビング&カーライフシミュレーター」である。１作目がプレイステーション用ソフトとして１９９７年12月23日に発売されて以来、すでに『グランツーリスモ７』までリリース。シリーズ累計は２０２２年11月当時で９０００万本を販売。おそらく、現在はシリーズ累計１億本に届くものと推測される。

コロナ禍の２０２３年に公開された映画『グランツーリスモ』は、10代のゲーム・プレイヤーが、ソニー・インタラクティブエンタテインメントと日産がバックアップした「ＧＴアカデミー」のプロレーサー育成コースに抜擢され、数々の苦難を乗り越えて成功を収めるというストーリーで、イギリス出身のレーシングドライバー、ヤン・マーデンボローの実話に基づいて映画化された作品である。ビデオゲームの実写映画化という難しい挑戦ではあったものの、ＦＰＶ

(First Person View／一人称視点) ドローンを多用したレースシーン撮影や、遠隔操作カメラによるコックピット内外の映像、コンピュータ・グラフィックスを用いたレーシングカーのモーフィング・シーンなど、本作はゲーマー以外の観客にも非常に好評で、興行的にも大成功した。

ドライブゲーム、レースゲームの歴史は、古くはメカトロゲームの黎明期、1958年に関西精機製作所が開発し導入した『ミニドライブ』まで遡ることになる。関西精機製作所の創業者、古川兼三(ふるかわけんぞう)がアメリカで見たエレメカのドライブゲームがルーツになったものだ。スマートボールのような筐体内に置かれたミニチュア・カーをベルトコンベアのように回りながら現れる道路の上を走らせ、筐体の外側、プレイヤーの前に配置されたハンドルを使ってアナログに操作しながら得点を重ねるもので、ドライブゲームの始祖鳥のような存在だ。

この『ミニドライブ』などによって始まったレースゲームは時代とともに進化し、デジタル化、高度な3次元コンピュータ・グラフィックス化を経て、さまざまなタイトルがアーケードを席捲。現在は『グランツーリスモ』シリーズに代表される家庭用ゲームとしてもリアルに表現されるまでに至った。また、このタイトルには、本格的な仕様のハンドルコントローラやバケットシートなど充実したセットアイテムが存在し、それらを配置するスペースさえ確保できれば、かつてアーケードで味わったものと同等のエンターテインメント性やリアルレーシング感を自宅に居ながらにして味わうことができる。

進化を続けるバーチャルリアリティ機器の充実も併せて、もはや自宅であらゆるエンターテインメントを味わえる現在、かつて隆盛を誇ったゲームセンターへの客足が遠のいてしまうのは致し方のないことかもしれない。とはいえ、今日の『グランツーリスモ』のヒットは、過去に多くのプレイヤーを熱狂させたドライブゲーム、レースゲームがあったからこそ実現したものではないだろうか。

本章では、そんなレースゲームの歴史の中でも、セガのドライブゲームの真骨頂であり、それ以前のレースゲームやドライブゲームの既成概念を大きく覆した『アウトラン』について紹介する。

爆発炎上しないドライブゲーム開発

セガの公式サイトによる『アウトラン』（SEGA AGES アウトラン版）の紹介によれば、〈『アウトラン』は、ヨーロッパの美しい風景の中を、名曲に乗せてスポーツカーで駆けめぐる、元祖ドライブゲーム。真っ赤なスポーツカーに金髪の美女を乗せて、分岐していく全15コースを走破していく。各コースの風景の美しさを堪能しながら、レースというよりドライブをするような感覚で楽しめるのが魅力。各ステージは砂漠や巨大な石の門、古い街並み、風車のある通りなど多岐にわたっている。オリジナル版では、ゲーム開始時に3種類からＢＧＭを選べることも大きな話題となり、当時発売されたレコードはベストセラーにもなりました〉と、なっている。

『アウトラン』は１９８６年に導入されたアーケード用ドライブゲームで、『ハングオン』、『スペースハリアー』に次いで鈴木裕が開発を手掛けた作品である。なお、プロデュースには石井洋児がクレジットされている。

『アウトラン』が世に出るまでのドライブ、レースゲームは他のエネミー（敵）カーとタイムを競ったり、コースアウトや他車とクラッシュすると爆発するようなギミック重視のものが多かった。バイクやクルマを愛好する鈴木裕によれば、現実では接触事故を起こしても爆発や火事が起こるわけでもないのにゲームでは極端な演出が多く、それをあまり良く思わなかった旨の発言をしている。

それらの過剰なゲーム的演出表現への鈴木裕なりのアンチテーゼとして、『アウトラン』は、遥か異国のコースを、美しい景色や多様な音楽を楽しみながらドライブするという、従来のレースゲームとは一線を画したコンセプトを持っていた。

『アウトラン』に登場するクルマも一風変わっていて、赤いボディのそれは、スーパーカー世代には刺さるマシン、おそらくフェラーリのテスタロッサだと思われる。が、あくまでもそれはモチーフであり、ゲーム内ではオープンカー仕様の実際には存在しないマシンが登場している。このあたりはクリエイターのゲームへの夢が具現化されているのだろう。

『アウトラン』のゲーム筐体開発

この『アウトラン』のゲーム筐体開発に関しても、前章に登場した松野雅樹、伊藤太が活躍した。彼らの取材を基に検証を進める。松野が当時を振り返る。

「『アウトラン』は、当初、大鳥居にあるセガの古い工場で製造していました。その後、工場機能は今のセガ・ロジスティクス・サービスのある千葉の佐倉工場に移管しました。

あの頃は、500台の筐体を製造するだけでもすごいことだったんですが、その時代に『アウトラン』は2000台近く製造出荷しました。日本中、どこのゲームセンターに行っても必ずあるような存在だったと思います。

『アウトラン』を開発していた頃の裕さんは、サウンドにもこだわっていて、入っている基板とは別に、サウンドボードだけでA4サイズ1枚分くらいの基板を入れていた記憶があります。

あとはモニター画面の色味に関しては相当こだわっていて、開発用の機材のモニターと製品版のモニターになるものが、それぞれ色味が違うというので何度も調整しました。そのセッティングが特殊だったので、最終的には、ナナオ（現・株式会社ＥＩＺＯ）のモニターにしてほしいというリクエストがありました。

後にそれらを称して、『2研セッティング』なんて呼んでいたんですけど、すごく特殊な色味を要求された記憶があります。モニターにも細かい注文があって、それは俺たちに言われても……ということもありました。まあ、今みたいにアドビだとかのアプリもない時代だし、結構苦労したことをよく覚えています。

裕さんから、『青空をグラフィックで描くには、最初に白を塗って、そのあとに黒を塗ると夏空っぽく見えるんだ』と言われたことがありましたね。おそらく、今だったら当たり前のことを、当時から裕さんは要求していたと思います。

逆を言えば、そういうポイントにこだわって開発していたのは裕さんしかいなかった。他の部署はどちらかといえば無難なことをやっていて、だからこそ、裕さんたちが開発した『体感ゲーム』を通じてセガのハードウェアが進歩したんだと思います」

伊藤はゲームの成り立ちからを話してくれた。

「『スペースハリアー』のゲームが完成した後、１９８６年に、石井洋児さんと鈴木裕さんがヨーロッパ取材旅行に2週間くらい行っていました。帰国して、現地で撮ったという映像をいろいろと観ました。レースゲームというよりも、ドライブを楽しむゲームを作りたいって、裕さんは言っていました。

コースも長くて、どんどん分岐していく。ＢＧＭもセレクトできるとか、要は本当にドライブするようなゲームを作りたいと言っていました。メモリもずいぶんと使ったと思います。開発中のROMボードだけでも、ずいぶん（容量の）大きなものでした。最新のゲームはまず裕さんのところで、新しいROMやテクニカル面のトライをしてもらって、その性能評価も含めて開発してもらうという感じでした。

それらをライブラリにしてほかの部署でも技術的なサポートとして使おうってことだったんですけど、結局そのライブラリは、誰も使わないし、共用しないんですよ。それぞれが独自のシステムとか開発ツールみたいなものを作っちゃうんで、バラバラなままでした。

それから、7〜8年経って、『バーチャファイター』を開発するときに、裕さんがキャラクターの『サラ』のポニーテールの先端が最後にハラリって揺れるモーションの計算式を書き出してライブラリに保存したんですけど、あれだって誰も気にしないし、ほかの部署も使わなかったんじゃないかな。裕さんは、それだけディテールにこだわって開発していたということだと思います。

『アウトラン』に話が戻りますが、やはり会社からはゲームのクオリティを上げろという指令が出ていたんです。それはグラフィックだったら、画面ノイズが出ないようにとか、サウンドはきれいに聞こえているかとか、設計と製造段階でもそれらにはこだわりましたね。画面もかなり大きな26インチの重いモニターを使ったんです。

当時、消磁といって、ブラウン管に同じ画像がずっと出ていると、その画像の跡がモニターに焼き付いて残ってしまうのを防ぐために使う機能があったんです。ゲームを立ち上げるたびに『ブン』とか『ブゥーン』と鳴るのが、消磁しているときの音なんです」

『アウトラン』のヨーロッパ取材旅行は引き抜き防止策の1つ？

鈴木裕と石井洋児は『アウトラン』を開発する名目で、海外へのロケーションハンティング旅行を会社から許可されたという。

後の『バーチャファイター2』開発のため中国の少林寺への見学、本来の目的ではなかったが、デイトナ・インターナショナル・スピードウェイを見学に訪れたことが開発の契機となった『デイトナUSA』など、海外出張がゲーム開発のきっかけになったケースは、当時のセガに限らずゲーム会社には多い。

今でこそ、ゲーム開発のための視察や見学を目的とする出張は許容されているが、1980年代中盤では簡単にはいかなかった。

当時、セガはアーケード向けゲームでヒット作を連発していた。そのきっかけは、STAGE 1で紹介した1985年リリースの体感ゲーム『ハングオン』の大ヒットだ。そして、前章で触れた『スペースハリアー』、1986年のオフロード・バイクゲーム『エンデューロレーサー』とヒット作が続くなかで、セガ社員の外部からのヘッドハントが相次いでいた。

もともと外資だったセガは早くから週休2日制を取り入れ、また中山隼雄が代表取締役社長に就任してからは、給与面の格差是正に取り組んできた。これらは『ハングオン』などの体感ゲームのヒットによるキャッシュフローの潤沢化も要因にあったが、若く、新しい感性を備えた社員の雇用強化を目的としていた。競合する他社から見ればセガの人材は引く手あまただったと言われている。

ちなみに鈴木裕も自身の書籍「鈴木裕／ゲームワークスVOL．1」（2001年・アスペクト刊）のなかで、他社からのヘッドハントで好条件を提示されたことがあると明かしている。それによると、当時の年収の倍の給与、高額な支度金、マンション支給というオファーだったが、断ったという。

なお、『アウトラン』に関しても『ハングオン』と同様、最初は別のレースゲーム企画だった。石井がゲーム系メディアの取材記事で語ったものによれば、『デッドヒート』という仮称がついたレースゲーム企画が進行していた。そのあとのことはあまり語られていないが、初期の『デッドヒート』に関わっていたメンバーが丸ごと他社に引き抜かれてしまったという。そのチームは引き抜かれた後にラリー・ジャンルのレースゲームを開発。同ゲームは１９８６年にリリースされたが、期待されたほどの実績は上げられなかった。

これらの引き抜きを契機にして、中山は他社からのヘッドハントに関して非常に敏感になっていった。

ヨーロッパ取材旅行中に撮影したビデオからのキャプチャ画像　提供：石井洋児

そして、鈴木と石井のこのヨーロッパ取材旅行は、他社からの引き抜きなどを予防するためのガス抜き対策の一環であり、ヒットゲーム開発者へのお金ではないボーナスだったという声が多い。それらの成果をゲームに活かすということを考えれば、ガス抜きと新作開発のための取材の両方を兼ね備えた良い施策だったと同時に、出張旅費ならば会社にとっても大きな出費ではなかったはずである。

余談だが、筆者がセガに在職した１９９０年代前半になっても、セガ全体で外部のゲーム系メディアに対して顔出し取材に応じることのできるメンバーは限定されていた。その点に関し

開発中の『アウトラン』をテスト中の三船敏　提供：三船敏

ていえば、私から直属の上司である鈴木裕、鈴木久司に対して「これからのゲームは、映画と同じように制作、開発したスタッフが開示され、ゲームコンセプトなどを語るべきだ。映画では、例えばスティーヴン・スピルバーグ監督作品といえば、作品の印象や観客の期待値は上がる。ゲームクリエイターもメディアに積極的に顔を出して、作家性を重んじた取材対応をするべき」という提案を行ったことがある。

最終的には中山社長まで判断が持ち越されたが、私が中山社長に「辞める人間は顔を出そうが、出すまいが、いずれ辞めます。これからはブランド化を推進する意味でも、顔出し公開をするべきです」という説得をして了承を取り、現在に至っている。

殺風景なアメリカではなく、情緒あふれるヨーロッパへ

『アウトラン』の開発は、１９８１年に劇場公開されたアメリカと香港の合作のカーアクション映画『キャノンボール』の影響を受けているという。

ストーリーは、各国からやってきた登場人物が、それぞれの出自に因んだクルマでレースに参戦。コネチカット州ダリーンから、カリフォルニア州ロサンゼルス郊外のレドンドビーチまで、北米大陸最速横断を競うという映画で、カー・カルチャーはもちろんのこと、映画、ゲームなどにも大きな影響を与えた作品だ。製作は20世紀フォックスと、当時、ブルース・リー作品のヒッ

トで潤沢なキャッシュを保有していた香港の映画制作会社ゴールデン・ハーベストプロダクション。そのため、ジャッキー・チェンなどの香港映画のスターも出演している。

他にもバート・レイノルズ、ファラ・フォーセット、サミー・デイヴィス・ジュニア、ディーン・マーティン、ロジャー・ムーアなどの人気スターがセルフパロディのような役で出演。今でも、この作品のファンは多い。

この『キャノンボール』のようにアメリカ大陸を横断ドライブするというゲームの企画を石井と鈴木は考え、そのための現地取材をセガ・オブ・アメリカに打診したところ、「危険だからやめたほうがいい」という声があがった。また、アメリカのロードサイドの景色は味気ないという声もあったという。そのため、舞台をヨーロッパに切り替え、ドイツのロマンチック街道から始まり、スイス、モナコを経由してイタリアのローマまで走り抜くというプランになり、それらの景色をビデオカメラで収録したものが、『アウトラン』のドライブ・ルートのイメージとビジュアルに昇華したという。

ヨーロッパ取材旅行は、石井洋児が運転を行い、鈴木裕がビデオカメラを回し続けた。2人とも英語が苦手だったため、特に食事には困ったという。レストランに入って日本と同じようにメニューをくださいと言うと、毎回似たような「定食」が供されるというエピソードは何度も語られている。ある日程で2人が別行動となり、再会場所を指定したものの、その場所があまりに広く、約3時間かけて巡り合うことができたというエピソードもある。ゲームクリエイター2人の珍道中は、なかなかの波乱の旅だったようだ。

彼らがヨーロッパ横断を始めたばかりの1986年4月26日、旧ソ連領、ウクライナのチョルノービリ（チェルノブイリ）村で原子力発電所の事故が発生した。テレビやカーラジオでは何か大変なことがあったように報道されていたが、言葉がわからないため、詳細不明のまま旅を続行した。今のようにインターネットもなく、携帯電話すらない時代ゆえに、日本への連絡方法もわからず、自身らの安否を一度も報告しないままに約2週間の旅は終了したそうだ。無事、日本に戻り、出社した際に上司である鈴木久司から「なんで2週間も連絡しないんだ。心配したぞ」と叱られたのは言うまでもない。

『アウトラン』のヨーロッパ取材旅行の日程は、1986年4月24日にドイツ・フランクフルトからスタート、アウトバーン経由で、オーストリア・シャモニー、モナコ・モンテカルロを経て、最終目的地のイタリア・ローマに到達、5月6日に日本帰国となった。

ヨーロッパ取材旅行中に撮影したビデオからのキャプチャ画像。上がモナコのトンネル。下は当時の F1 のスポンサーであるタバコメーカー「ジタン」の看板

写真撮影：筆者

石井洋児

セガ アーケード・コンシューマを知る男

Profile　生年月日　1955年10月25日

東京都町田市出身

玉川大学工学部卒業

セガ・エンタープライゼス　入社　1978年4月

株式会社アートゥーン　設立　1999年

株式会社アーゼスト　創業　2010年（現在、代表取締役会長CEO）

Creator's File 1

セガのゲーム開発を長年にわたって牽引してきた石井洋児の功績を語るとき、主にセガの家庭用ゲームジャンルの充実を促進した点にフォーカスされる傾向がある。しかし、石井洋児のセガにおけるゲーム企画、開発者としての実績の原点は業務用ビデオゲームの黎明期まで遡ることができる。その時代は、セガが優秀な学生を積極的に採用しようとしたタイミングであるとともに、それらが功を奏して組織の成長が加速度を増した時期と合致する。

本章では石井洋児がどのような経緯を経てセガに入社し、数多くのヒットゲームに携わってきたのかを本人へのインタビューから解明する。セガに入社したものの、ゲーム開発とは異なる製造工場の現場を経験。新たに生まれた「技術職幹部候補生制度」を活用し、開発系部署への異動を果たし、「ハングオン」に代表される「体感ゲーム」のプロデューサーとして活躍することになった石井洋児がどのようなことを思い、それらを実現していったかが明らかになることだろう。

――セガへの入社の経緯を教えてください。

最終学歴は玉川大学工学部、専攻は電子工学です。附属高校からの進学でした。あの頃の日本は、とてもいい時代だったと思います。半導体は日立が作っていた時代ですが、私の同級生は日本電気（NEC）、日立、松下電器産業（現在のパナソニック）などの企業に就職していきました。そんな時代だったんです。

私自身は、遊びが大好きだったから、どうせこれから働くのだったら、面白いものを作りたいと思っていました。中でも、〝遊び〟に関連するものを、と。そのため、バンダイや創業したばかりのサンリオなど、おもちゃメーカーに会社訪問していました。

そんな時に、同じ大学の工学部の先輩で、中学の頃から知っている青木直喜（あおきなおき）さんと会う機会がありまして、彼がセガに入社していたことを知りました。青木さんは、セガが大卒を積極的に採用していくため、母校にいい人材はいないかということで、工学部長のところに青田買いに来ていたんです。青木さんの話を聞いて、セガという会社は面白そうだなと思いました。

1977年頃、セガのことは知らなかったんですが、ビデオゲームは大好きだったので、ゲーム喫茶などで『ブロックくずし』（1979年）、『シーソージャンプ』※（1979年）などは遊んでいたんです。あとは、ゲームセンターやボウリング場などにあったピンボールで遊んでいました。そういう遊びが好きだったので、ゲームというジャンルはいいなと思っていたんです。でも、その時は、ゲーム会社といっても、セガ、タイトーなどの名前は知らなかったです。実際にボウリング場とかに置いてあるピンボールのメーカーは「ウィリアムス」（Williams）とか「バリー」（Bally）とかだったので……。

——入社した際のセガ・エンタープライゼスの印象を教えてください。

セガに入社したら、自分は研究開発部に配属されると思っていたんです。ところが、入社式が終わったら、いきなり工場に連れて行かれまして、工場のユニフォームに着替えてこいと言われて、その時に、「えぇ……工場勤務か……」と思いましたね。入社前はそういうことに無頓着で、セガに入れるっていうことだけで、先輩の青木さんと一緒に働けるくらいに思っていたんです。

青木さんは製造部におられました。

私の代の1年前―1977年度は新卒社員を採用していませんでした。そして、私が入社した

※ Exidy（エキシディ）開発の『サーカス』（1977年）のコピー作品。

1980年代、グレムリン社屋。セガ技術職幹部候補生募集要項より　資料提供：セガ

年もまだ研究開発部と生産技術部はどちらも新卒は採用してなかった。だから、まずは製造部に配属になり、チャールズ・チャップリンの映画「モダンタイムス」みたいな工場勤務を1～2年やっていました。いい勉強になりました。当時のセガは、まだ、外資のガルフ・アンド・ウェスタンの傘下だったので、工場をラインって呼んでいたんです。そこでは『モナコGP』（1979年）を作っていました。それが大ヒットしたんです。

私は1978年4月入社で、タイトーさんの『スペースインベーダー』がブームになったのは　6月頃でした。セガに入社した当時は、ビデオゲームはそんなにメジャーな存在ではなかったんです。ところが入社して、しばらくしたら『スペースインベーダー』が大ヒットして、いきなり大ブームが来て、すごいことに。友達からは『お前、先見性あったな』とか言われました。でも、そのときはまだ工場勤務だったんですけどね（苦笑）。

当時、セガの子会社にグレムリンという会社がサンディエゴにありまして、グレムリンが作ったゲームには『スペースアタック』（通称 ブタ殺し・1979年）と、有名な『ヘッドオン』（1979年）というゲームがありました。その2つのゲームが入ったデュアルボードというのがありまして、テーブル筐体でゲームを切り替えて遊ぶことができるものです。それを工場で最初に作っていました。作業はラインの名前通りに部品が流れ作業で送られてきて、それを組み立てる感じです。

自分は、ラインの最後にいるので、来たら調整して、モニターを筐体に入れる前にワイヤリングケーブルを引いたり、ユニットをハンダ付けしたりしていました。当時はまだブラウン管で、それこそ白黒テレビなので、セロファンのカラースクリーンみたいなものを載せていました。


――想定外のライン（工場）勤務が続く中で、どのような展望を抱いていましたか。


そんな日々が続いて、なかなか自分の志望していた開発の仕事に異動できない状態でした。そんな中、青木さんは別館にある研究開発部に行ってしまって、私は本社の製造部のラインにいるから全然会えないんです。これからどうなるんだろうかと悩んでいました。

ちょうど、その頃にエスコ貿易の社長だった中山隼雄さんが副社長としてセガに入ることになったんです。１９７９年かな。それで中山さんが『これからはいい人材を取らないとゲーム会社に未来はないから、積極的に採用する』ということを打ち上げたんです。ただ、現行の給与体系では優秀な人材は入らないかもしれないということで、給与を全体的に上げようということになりました。

当時のセガは組合が強かったんです。電気労連の組合にセガも入っていまして、製造工場もあったので、ストライキもやっていました。だから、給与は一律にするしかなかったんです。後日、中山さんに聞いた話ですが、そういう状況下で給与を上げるために、「幹部候補生試験」というものを導入して、幹部候補社員を作ろうということになったんです。研究開発部に配属、勤務して、幹部候補生試験に受かった者は、毎月２万５千円の昇給になりました。

おそらく、その当時の自分の給料が10万円ぐらいの時代ですから、それが幹部候補生社員になって2万5千円上がると、25%アップですから大きいですよね。同じく、生産技術者は幹部候補社員になれば1万5千円アップ、同じく製造部技術者の試験に受かった場合1万円アップという施策を1979年の8月ぐらいに人事部から発表したんです。今後の新入社員は、それを全部受けてもらって、クリアした者にはそれらの手当がつくことになったんです。同時に今までいた社員の誰でも試験を受けていいことになりました。そうでないと不公平だからということです。組合に入っている人でも受けられました。

その頃に、製造部の部長から、「製造部技術課幹部候補生試験を受けなさい」と言われたんです。試験を受けるために社内の大きな会議室に入ったら、研究開発部用の白いジャンパーを着ている人がズラーッと座っていました。自分は工場勤務だったから紺色のジャンパーなんですけど、その紺色のジャンパーを着ている人は少なかった。内心は白いジャンパーいいなぁと思っていました。私の憧れの人たちなので、輝いて見えるわけです。私の前にいた人が石川秀樹（いしかわひでき）さんという方で、私の2歳上の先輩。石川さんは、後にデータイースト※に転職してしまうんですが、石川さんが私のことを見てニコッと笑ったんです。今にして思えばただの愛想笑いなんですが、その時は紺色のジャンパーを着ているので笑われた、と思ってしまったんです。そう思ったらなんか悔しくて、本来は製造部技術課幹部候補生試験を受験するつもりだったんですが、研究開発部幹部候補生試験のほうに丸をしてしまいました。

製造部技術課で働く当時の石井洋児
写真提供：セガ

※ 1979年創業のゲーム開発会社、主に業務用ゲームを開発。2003年に自己破産。

試験の内容は、国家公務員の上級技術職試験に準ずる問題が出ると聞いていましたので、あらかじめその範囲の勉強をしました。といっても、まだ大学を卒業してからそんなに時間が経っていなかったこともあって、わりとできたなと思いました。結果をあとから人事で聞いたところ、社内で一番上だったらしいです。五肢択一試験だったので、運がよかっただけですが……。

その後に、口頭試問試験という面談形式のような試験があって、そこにセガでゲーム開発の天才と呼ばれた取締役の越智止戈之助(おちしかのすけ)さんをはじめとして、全部で5人くらいの役員がいました。目の前にピンボールの玉をボンと置いて、この玉を使った遊びを1分間で考えられるだけ提案しなさい、というものとか、あとは何か書かれたパネルを何枚も次から次に見せて、思いつくことを述べよ、とか。例えば3：4：5と書かれたパネルを見せられて、三平方の定理と答えるとか。それらの試験も、成績はそこそこよかったと思います。それで年明けに3度目となる筆記試験があると伝えられました。

そんな年末の大みそかの前の打ち上げ、仕事納めの日です。自分はまだ2年目の若手社員でしたから、外の水場で工場のダクトの洗浄をやっていたんです。『来年はどうなるんだろうなあ……』とか思いながら。

すると、白いジャンパーを着た、背の高い、メガネをかけた方が近づいてきたんです。

「R&Dの高橋です」と名乗られて、「すみません。R&Dって何でしょうか」って聞いたんです。

「Research and Development（リサーチ・アンド・デベロップメント）──つまり、研究開発部の部長の高橋です。石井君は幹部候補生試験を研究開発部志望で受けているようだが、うちの部署に来たいんですよね?」

「はい、そうです」

製造部技術課の当時の様子。左から２人目が石井洋児　写真提供：セガ

「では来年の1月からうちに来なさい」と言われたんです。

おそらく、それまでの2回の試験での結果がよかったことと、研究開発部の矢木博（やぎひろし）（のちに復職して『ゲームギア』などを開発する開発者）さんが退職してしまって、その仕事のスタッフ補充が必要だったのではないかと思います。

それで、ダクト洗浄を終えて工場に戻ったら、みんなで打ち上げの準備をしていたんです。ラインの課長が、石井君は来年から研究開発部に異動だということを説明し終わっていたようです。

――念願叶って研究開発部に異動されて、最初の業務はなんでしたか。

矢木さんがいたサウンド開発部署に配属になり、仕事を引き継ぎました。いわゆる効果音の仕事です。その当時はまだメロディチップとかサウンドチップがなかった時代ですから、ピュンピュンとか、ヒューン、ゴーンといったゲーム内の効果音を全部ICチップで組んでいたんです。先にお名前が出た青木さんと一緒の部署で、『ZAXXON(ザクソン)』(1982年)などのサウンドエフェクトを手掛けました。因みに、うちの会社(株式会社アーゼスト)の社員に、私が理系出身で電子工学を勉強して、サウンドの電子回路設計をしていたんだと言っても、誰も信じてくれないんですけどね(笑)。

1980年代初頭に研究開発部に異動して、2年間くらいサウンドの仕事をしていました。ちょうど、その頃にゲームデザイン、ゲーム企画というのが、これからはとても重要であるという流れになって、新たに企画課というのを作ろうという動きになり、開発の高橋さんが部長、メカデザインや筐体のデザインなどをやっていた安田(則夫)さんが企画課長になって課を立ち上げたんです。

立ち上げの前から、安田さんには「こんなのどうですか」というゲーム企画の提案をずっとやっていたんです。そんな経緯もあったので、企画課ができるときに、「石井も一緒に来い」ということになったんだと思います。

面白いアイディアが思い浮かぶたびに周りに提案していたのは、とにかく、面白がって考えていたからですね。その頃は製造部技術課の課長が佐藤秀樹さんで、佐藤さんのもとで働いていました。

——その頃はどのようなゲーム開発を行っていましたか。

研究開発部に移って、最初の頃の思い出に残っているのは、先輩が作っていてうまくいかなかったゲームの企画とディレクションをやらせてもらったことです。それ以外にも『アップンダウン（Up'n Down）』（1983年）、『シンドバッドミステリー』（1983年）などのゲーム開発も途中からの参加でしたが、仕様変更したりしながら、やらせてもらいました。

自分で作った最初のゲームは『フリッキー』（1984年5月）です。

それなりの人気がありました。あの頃のテーブルゲームではナムコさんが全盛期で、『マッピー』（1983年）がすごい人気で売れていました。当時は、セガもゲームセンターを1800店舗くらい保有していたので、そこを充実させるためにはナムコさんからもゲームを買わないといけないんですよ。そんな時代だから、ゲームセンターの運営事業部署の責任者だった永井明さんから「同じようなものをセガ内部で開発してくれたら他社から買わなくて済むから」と言われていました。そういうリクエストが研究開発部には結構来るんですよ。それで、ナムコさんの『マッピー』キラーを開発せよ、と言われて作ったのが『フリッキー』でした。

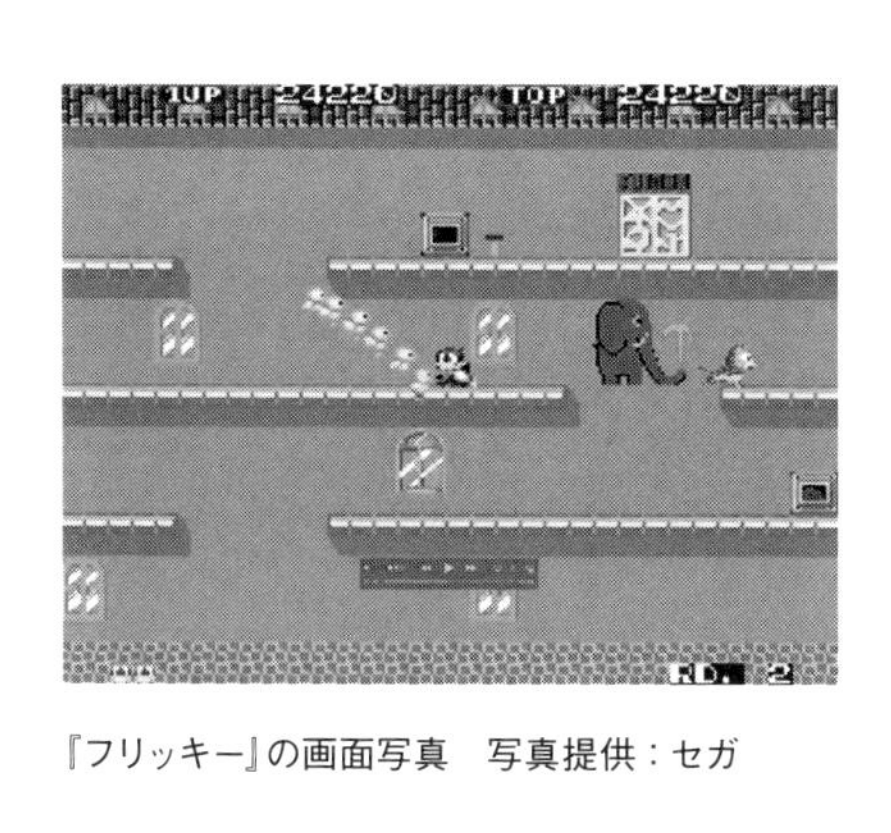

『フリッキー』の画面写真　写真提供：セガ

セガの営業の人からも「これが売れているから、同じようなものを作ってくれ」とはよく言われました。でも、同じものを作ってもダメじゃないですか。新しさがないし、マネをしていいことはない。なので、そのゲームの面白さや素材をもらって、それを別の形で料理して提供するシェフだと思えばいいんだと考えていました。つまり、同じ食材でも「中華」、「フレンチ」、「イタリアン」、「和食」で、異なるものが提供できる。それで食べたらうまいというものを作ろうと。それが企画の仕事だと現場のメンバーにも言っていました。

元部下で、現在はアーゼストの役員の菅野豊（すがのゆたか）がいるんですが、菅野が入社したばっかりの時『忍―SHINOBI』（1987年）を開発していたんです。

その頃は、ナムコさんの『ローリングサンダー』（1986年12月）がヒットしていて、上層部からは、それらしいものを作れと言われていました。私からは菅野に「まったく違う料理にするんだぞ」と言ったんです。菅野は「わかりました！」と言ってできたのが『忍』で、これが大ヒットしましてね。でも、あとで菅野から「すみません。『ローリングサンダー』と同じように作っちゃいました」と言われました（笑）。そのあとに私が作ったのが『ファンタジーゾーン』（1986年）です。その同時期に開発していたのが『ハングオン』だったんです。

『ファンタジーゾーン』の画面写真
写真提供：セガ

――『ファンタジーゾーン』はどのような経緯で開発されたのですか。

『ファンタジーゾーン』は、営業からの要請で開発しました。イメージしたのはコナミさんの『グラディウス』です。つまり『グラディウス』キラーを作ってくれという要請で、『ハングオン』よりも、半年以上先行して開発していました。

当初、開発に着手したのは先輩社員の方でしたが、なかなかうまくいかないので、開発のメンバーを総入れ替えしてやり直せ、と上層部から言われたんです。解散したメンバーはコナミさんよりもはるかに劣る基板で『グラディウス』のような感じのものを作っていたので、これで同じものを作ってもダメだということで、じゃあ色合いからすべて違う料理にしようということで開発し直しました。

　クルマが趣味だったので、チューニングショップをイメージしたお買い物システムを導入しました。クルマを徐々に「パワーアップすること」をセールスポイントにしました。自分でお金を稼いで、どんどんパーツを買って、クルマを仕上げていくというイメージです。

　勝手に空中でパワーアップするのは、ちょっとおかしいんじゃないかと思っていたので、パワーアップするなら、どこかのショップでチューニングするしかないよね、と思ったんです。そういう趣味の部分がゲーム開発に活きていたと思います。


――『ハングオン』開発で印象に残っていることはありますか。


　前にも少しお話ししましたが、『ハングオン』の機構をコアランドテクノロジーに持ち込んだのは東京R&Dだと思います。

　あの頃、別館の4階にむき出しでトーションバーが置いてあり、その先に小さなモニター画面が置けるようになっていた記憶があります。なんだ、これ?という印象です。それを見た当時の研究開発のメンバーが、このシステムだとバイクしかないという判断をしたんだと思います。

　中山隼雄さんが前職のエスコ貿易の頃からコアランドテクノロジーと仕事をしていたので、セガの副社長になったあとも、同社とはよく仕事をしていました。『ペンゴ』はその代表作です。ですので、中山さん経由で、トーションバーを使ったゲームで何かという提案がコアランドテクノロジーからあったのかもしれませんね。私はその頃、一般社員だから詳しいことは知らないんです。

『ハングオン』開発の頃は安田さんが開発部長で、井田さんが企画課長だったかもしれません。佐藤秀樹さん、吉井正晴さんがソフト開発をやっていました。吉川照男さんは優秀な技術者でした。筐体の製作は生産技術部でやっていました。筐体自体の成形はＥＶＡ（エヴァ）カーズで、吉川さんの担当でした。

ただ、コアランドテクノロジーが当初に持ち込んだトーションバーシステムがダメだったというのは私もよく覚えています。

『ハングオン』のプロジェクト立ち上げのときは、私自身はプロデューサーに近い立場だったと思います。開発が進んで、途中からは鈴木裕君にほとんど任せていました。私はどちらかといえば『ファンタジーゾーン』に注力していました。『ハングオン』はマップを描いたりしていたんです。鈴木裕君からは「石井さん、コースマップ描いてください」と頼まれていて、５コースあったと思うのですが、２コース分は私が書きました。

毎日、『ハングオン』の現場にも行くんですが、相談役みたいなことをやっていて、「これでどうですか」とか、「これでいいですか」という相談に乗っていました。私のほうで最初に企画やキャラクター付けをしてしまえば、あとは作るだけなんです。私が企画で、鈴木裕君がプログラム担当。デザインはコアランドテクノロジーから出向していた濱垣博志さんが担当していました。濱垣さんのグラフィックは仕上がりが早くて、優秀でしたね。

鈴木裕君と２人で『ハングオン』の企画開発を立ち上げた頃、大型バイクのブームがあってフレディ・スペンサーが活躍する世界ＧＰのビデオを一緒に観ていました。「スーパーバイカーズ」などと呼ばれていた頃のことです。その頃は２人で、「ゲーム中に音楽を流したい」とか、「バイクが転倒したら爆発するのは嫌だな」とか話していました。

鈴木裕君が入社したのはセガが大卒を大量に採用し始めた年です。プログラマーで採用されたのが、鈴木裕、中川力也、片木秀一の3人だったと思います。その頃のソフト部門の上司は吉井正晴さんで、吉井さんがSG-1000のハードを使って業務用ゲームを作ろうということになって、それで、私と鈴木裕君と小玉理恵子(こだまりえこ)さん※……今考えればすごいメンバーですけれども、その3人がメインで開発したのが『チャンピオンボクシング』(1984年)でした。ハード自体はチープで見栄えが良くないと思ったので、大きなキャラクターを背景で動かして、パタパタ切り替えて見せるという形式をとりました。

『チャンピオンボクシング』のあとに『ファンタジーゾーン』があって、『ハングオン』が重なったので、鈴木裕君が『ハングオン』の開発に抜擢されたんじゃないかな。『ハングオン』は、1985年末の日本経済新聞の優秀製品賞に選ばれたんです。それから数年後、セガサターンの『ソニック・ザ・ヘッジホッグ』も、優秀製品賞をもらっていました。

当時、セガのゲームセンター保有数は先にお話しした通りですが、一方でタイトーさんは2000店を超えていて、ナムコさんが800店くらいあったと思います。つまり、そのほぼ全部に『ハングオン』が導入されたわけですから、4000台以上は入るわけですよね。その他、中小のゲームセンターの数を入れたら、すごいヒット作品だったと思います。

──『ハングオン』は開発中止の危機もあったと聞きましたが。

当時、生産技術部の責任者だった鈴木久司さんが、ロケテストの2週間前になって「おまえた

※1984年にセガ入社。数多くのゲーム開発に携わったセガを代表するゲームクリエイター。2022年5月9日逝去。

『ハングオン』ヒット記念に製作し配布されたノベルティ
資料提供：石井洋児

1985年3月4日。新社屋竣工落成パーティ。左から2人目が石井洋児、その隣が山田順久、中央に青木直喜。他開発メンバーとともに撮影した1枚
写真提供：石井洋児

ち、こんなハデなもの作ってどうすんだ。こんなの誰も遊ばないぞ」と言いだしたんです。確かにハデだし、デカいからというのもあって、鈴木さんは「ゲームセンターに来るのは暗いヤツばっかりなんだから、こんなの誰も遊ばない。もう開発をやめろ、中止しろ」と言っていました。こっちもムキになって「何言っているんですか。やりますよ」と言い返したのを覚えています。それでロケテストに出したらインカムの数字が良くて、すると鈴木さんは「俺が言った通りだろ」と。「何が、『俺が言った通り』なんですか?」と聞いたら、「あのとき、俺があぁ言ったから、良いものになったんじゃないか」と言っていました（笑）。

因みに、体感ゲームという名称は、おそらく営業部の小形（武德）さんたちの部署からの発案だと思います。

——『アウトラン』開発に備えてのヨーロッパ縦断ドライブツアーについて教えてください。

『ハングオン』開発の後、上層部のメンバーと現場の開発スタッフなどを含めて10人以上が退職したことがありました。コアランドテクノロジーに出資してもらってゲーム開発会社を創業したんだと思います。セガの開発者全体でも40名くらいしかいない時代に10名の離脱ですから、これは大きかったですね。中山さんとしては、優秀な人材をこれ以上引き抜かれては困るということで、開発の中堅の人たちに声がかかって、次に作りたいゲームがあれば取材旅行に行っていいぞ、という許可が出ました。

先に挙げた退職したメンバーたちが途中まで開発していたレースゲーム『デッドヒート』（未発売）がありましたが、当時のセガには、クルマのレースゲームで、まだいい作品がなかったんです。

それで鈴木裕君と私でクルマのレースゲームを作ろうということになって、ちょうど映画『キャノンボール』がヒットしていたので、あれをテーマにしてゲーム開発をしようと会社に企画書を出したんですが、取材先として「アメリカは危ないからダメ」と。確かに砂漠地帯、田舎道が続くルート66を、英語も話せない２人で延々とドライブするのは危険ですよね。

『アウトラン』開発のためのヨーロッパ横断ドライブツアー映像からのキャプチャ画像
提供：石井洋児

そうしたら、吉井さんが「ヨーロッパにしなよ」と言ってくれて、鈴木裕君からの提案で、ヨーロッパのロマンチック街道を南下していくことにしました。ルートはドイツのフランクフルトに入国して、オーストリア、スイス、モナコ、帰りのフライトはローマからでした。

日程は１９８６年4月24日にフランクフルト出発、最終日は5月6日にローマ着。クルマはレンタカーでBMW520だったと思います。本当はもっと速いクルマかオープンカーを借りたかったんですけど、ちょっと高かったので遠慮しました。その代わり、屋根が開くクルマで、サンルーフからカメラを出して撮影をしようと。クルマはフランクフルトで借りてローマで乗り捨て返却だから、割高だったんです。ＢＭＷはあまり速いクルマではなかったですね。

アウトバーンで一生懸命頑張ってアクセル・ペダルをベタ踏みして２００キロ出しても、ベンツＳＥＬに乗っているおばあちゃんに、スカーンと抜かれてしまうんですよ。

ドライブ中、何日目かだったと思うのですが、チョルノービリ（チェルノブイリ）原発で事故がありました。２人とも英語がわからないので、事の重大さは、わかっていなかったと思います。その日は雨でびしょびしょになりました。今それを思い出すと怖くなります。ネットもない時代で、何が起こっているのはよく把握できなかったんです。

宿泊地は最初のフランクフルトだけ決めていて、あとは毎日走って、行く先々でB＆B（ベッド・アンド・ブレックファスト）のような宿泊ができるところを探して泊まっていました。今となっては、あまりよく覚えていないんですが、楽しかったでしょうね。

私が主に運転をして、鈴木裕君はサンルーフからビデオを出して撮影をしたり、レストランに入ったときにオーダーしてくれたりしていました。移動取材中、日本にまったく連絡をしなかったので、帰国して出社したら鈴木久司さんに怒られました。でも、連絡の方法もよくわからなかったんですよ（笑）。

『アウトラン』のゲーム開発は鈴木裕君が中心で、私は企画課長になっていたのでプロデュースという立場だったと思います。そのあとになって、鈴木裕君は分室のスタジオ１２８を作りたいと言って独立していったんです。それが第８ＡＭ研究開発部になり、最終的には通称ＡＭ２研（第２ＡＭ研究開発部）になりました。

STAGE 4

精鋭軍団「スタジオ128」が行く

三船敏の記憶——旧2号館屋上——

セガの体感ゲームシリーズで『ハングオン』、『スペースハリアー』、『アウトラン』の次に鈴木裕率いるチームが開発したタイトルが『アフターバーナー』（1987年）である。

この『アフターバーナー』は、セガの既存の組織とは別に組織された部署で開発されたことは専門書やセガ・マニア、海外のゲームファンの間で知られた話である。その部署こそ「スタジオ128」である。9時から5時という既成の勤務体系に囚われることなく、鈴木裕のもとに有志が集まって組まれたもので、社内インディーズ・レーベルのようなスタジオと言えばわかりやすいだろう。

このスタジオ128の成り立ちや名称については、STAGE 5（142頁）掲載の鈴木裕への単独インタビューと併せて参照いただきたいが、スタジオ128の設立目的には、セガの既存組織よりもフレキシブルな存在として、より自由な発想でゲーム開発に集中したいという鈴木裕の強い意志があったという。

本章では、スタジオ128のメインスタッフであった三船敏と『ハングオン』の章で登場した濱垣博志の2人に振り返ってもらった。

三船敏は『アウトラン』の開発の途中で鈴木裕から、ある提案を持ち掛けられたことを、今でもよく覚えているという。

「『アウトラン』は旧2号館、いわゆる『ハングオン・ビル』と呼ばれていた場所で開発していました。連日の開発で忙しく、よく会社に泊まり込みをしていたんですが、たまたま裕さんと屋上でひと休みしようという時があったんです。

そんな夜に、裕さんから『セガから独立しようと思っているんだけど、一緒に来ないか』と言われたんです。当時、開発者の独立というのは、まだ珍しかったと思います。

『独立』という驚きと、なんで僕に声をかけるんだろうかという疑問も湧きました。裕さんの意図がわかりませんでした。

僕はプログラマーとしては、そんなに優秀じゃなかった。コンピュータで作ることに対してはすごい興味もあるし、愛もあったんですけど、一方で面倒くさいなという思いもあったんです。性能が上がって、声で指示を出すだけで作業をしてくれるようになればいいのに、くらいに思っていました。

僕自身はそれぐらいの感覚だったし、自分よりも優秀なプログラマーたちが周りにゴロゴロいる状態だったので、裕さんが独立するから一緒に来てくれと声をかけてきたこと自体が驚きでした。おそらく、川口(Ｈｉｒｏ博史)さんにも声をかけていたんじゃないかなと思います。他にも声をかけている人の名前は聞きました。さすがに、すぐ返事できる状態じゃなかったんですけど、最終的に独立するということになり、わかりました、ご一緒しますということになったんです。

けれど、ちょうどその頃、セガが株式上場しようとしていた時期だったんです。

株式上場する時に、主力の開発チーム、つまり社内でもっとも稼いでいるチームが独立するのは非常にまずいという話が上層部からあったらしいんです。後日、裕さんから聞いたんですけど、独立しようとしたけど、結局、引き止められて残ることになったということでした。ただ、今までとは違う、別の場所で開発を自由にやらせてもらえることになって、セガ社員のまま、別の建物を借りて始めたのが『スタジオ１２８』なんです」

濱垣博志の記憶、スタジオ128前史

このスタジオ128設立の際に、一度はセガから去ったものの、セガに呼び戻された人物がいる。それが『ハングオン』で鈴木と開発を共にした濱垣博志である。

濱垣は、『ハングオン』開発時はコアランドテクノロジーからセガへ出向中の身であったが、『ハングオン』がマスターアップし、工場で量産体制に入るタイミングでコアランドテクノロジーを退社。その時点で出向先だったセガの仕事をすっぱりと辞めていた。濱垣は「セガでの労働環境があまり良くなかった」と言う。なお、鈴木裕の独立話は『ハングオン』で一緒に仕事をした濱垣も、その伏線を感じていた。

「鈴木裕さんは第一研究開発部から出たくてしようがなかった。もっと自由に、自分の思うままに仕事をしたかったんだと思います。

私は、『ハングオン』のロムがマスターアップした瞬間に身を引きました。量産化の前ですから、『ハングオン』が正式発売される3〜4カ月くらい前にはコアランドテクノロジーを辞めています。

セガ出向からコアランドに戻るという気持ちは全くなかったです。

たまたま、その時期にシステムソフトが東京事務所を作ったので応募したら採用され、2年くらい働いた頃だったか、セガの鈴木久司さんから電話があり、『また一緒に仕事しようよ』って言われました――」

この電話こそ、濱垣がスタジオ128に加入するきっかけだった。鈴木久司からシステムソフ

トを辞めてセガで一緒に働かないかというオファーであり、濱垣曰く、その受話器の向こうには鈴木裕もいたと言う。スタジオ１２８は即戦力になるようなメンバーを探していたのだろう。『ハングオン』での、仕上がりが早くてうまい濱垣のグラフィック仕事が、２年越しに再評価されたのだ。

「発足時のスタジオ１２８は、鈴木裕、三船敏、川口博史、あと自分と、自分の大学の後輩だった浜田清（はまだきよし）の、５人の部署でした。

スタジオ１２８では『アフターバーナー』から、『パワードリフト』（１９８８年）の開発までをやりました。

スタジオ１２８立ち上げの趣旨は『アフターバーナー』の開発だったんですが、人材が徐々に増えたので2作品目を開発しようということになりまして、鈴木裕さんを中心に『G-LOC：AIR BATTLE』の開発も進めました。私がデザイン担当をやって、私の部下がサポートにつきました。

次の春、１９８８年に新入社員をたくさん採用して、そのなかで優秀な成績上位10人ぐらいを集めて第８ＡＭ研究開発部になりました。この第８ＡＭ研究開発部が発展して、第２ＡＭ研究開発部になり、90年代に石井精一（いしいせいいち）君らが入社して、『バーチャレーシング』（１９９２年）や、『バーチャファイター』（１９９３年）を開発することになりました」

その後、濱垣博志はセガを退社する。以前はコアランドテクノロジー出向からの退職だったが、今回はセガからの退職だった。その理由はいくつかあったというが、あの頃は独立起業してもゲーム開発の仕事に困らなかったからだと言う。

「『R３６０』向けの『G-LOC：AIR BATTLE』が完成した頃にセガを辞めました」

１９９０年、濱垣博志は株式会社元気を創業。『首都高バトル』シリーズなどを生み出したが、現在はゲーム産業と異なるＡＩ、ロボット開発などを行っている。

三船敏の記憶　スタジオ１２８

再び三船敏の証言を引用する。

「スタジオ１２８は非常に自由な感じでした。裕さんもそれを望んでいたと思います。セガは外資系でしたが、開発者の給料体系は日本的で、旧態依然とした年功序列の仕組みがあったんですけど、それも裕さんが変えてくれました。

それから徐々に、年功序列というよりも、何を成し遂げたかみたいなところを評価するような風土にセガが変わっていったと思います」

このような評価システムの変化更新に貢献したのも鈴木裕だという。

「当時は研究開発部が7研まであって、僕らがスタジオ１２８から、普通にセガの部署として本社に戻るとなった時に、たまたま次の番号が８（研）だったと思います。

8研のあとに、また組織改変があって、ＡＭ開発部署が整理され、1研、2研、3研となっていきました。その前は、業務用ゲーム開発は第1研究開発部しかなかったですからね。第2研究開発部が家庭用ゲーム開発の部署でした。それが開発人員も増えて、ＡＭ何研とか、ＣＳ何研みたいな形で変化していったと思います。

それまでは、もともと業務用も家庭用も関係性は近かったと思います。川口（Ｈｉｒｏ博史）さんは1年先輩ですが、最初は家庭用ソフトウェア開発にアサインされていました。それが、鈴木裕さんに声をかけられて『ハングオン』のサウンドを作ったのがきっかけで、業務用のゲームサウンドを中心に携わることになったんです」

その後、セガには優秀な新人が続々と入社し、新機軸、新技術のゲームを繰り出していく。

「8研から第2AM研究開発部、通称AM2研になって人が増えて、2フロアを使って開発をしていました。その頃は『シェンムー』※の初期開発も同時に行っていました。まだ基礎研究のようなもので、人数は充当していなかったと思います」

三船の言によれば、すでに90年代の前半に『シェンムー』の基礎研究をやっていたということになる。

スタジオ128時代、左が三船敏、右が濱垣博志

1998年、20歳の三船敏。スタジオ128前で撮影された
写真提供：三船敏

※1999年リリースのアクションアドベンチャーゲーム。オープンワールドゲームの先駆けとなった作品。鈴木裕がディレクションした作品。

ソロ・プロジェクト『ダイナマイトダックス』の蹉跌

「スタジオ128の後半の頃に、裕さんから『敏も自分でひと作品作るか』という話になって、テーブルタイプのゲームを作ったんですよ。それが、横スクロールタイプのアクションゲーム『ダイナマイトダックス』（1988年）です。

これは、最初に作ろうと思っていたものとは違うものになってしまったんです。開発する時に、横槍がいっぱい入って……。

僕はナムコさんの『ドラゴンバスター』（1985年）のような、キャラクターが剣を使う横スクロールタイプのゲームを作りたかったんです。そうしたら『奥行きがあるゲームにしよう』とか、『カートゥーン系のキャラクターを出すんだ』とか色々言われて何だかよく分からないことになってしまい、結果的に本意の作品ではなくなってしまったんです。

『ダイナマイトダックス』は、パッと見た感じは可愛らしいゲームなのに、めちゃめちゃハードなものになってしまいました。どう考えても、これ、もっとやさしいゲームにしなきゃダメだろうと、後から振り返れば思うんですが……。

その後、『ターボ アウトラン』（1989年）の開発話が出てきました。2月末の期末までに売上があと10億円足りないということで、鈴木久司さんと、鈴木裕さんから『誰か、これを作ってくれないか』ということで開発したんです。その話があったのが10月で、隣では『パワードリフト』を開発していて、そこに人員を取られてしまっていて、補充の余裕がないみたいな状態でした。

実質、『ターボ アウトラン』を4カ月で作れ、ということです。なので、1人でできることをやって、後からサポートの人員が来たら背景などを差し替えられるような作り方をしていました。見た目は、従来の『アウトラン』にしか見えないんだけど、中身を別物に作り替えるという作業をしていて、鈴木久司さんからは『敏、これアウトランと変わらないじゃないか、大丈夫なのか』と心配されました。あとから補充のサポートスタッフが来たら全部変わるので大丈夫ですと言っていました。

12月中にはロケテストをしたので、実質、僕が1人で1カ月間くらい開発をして、そのあとデザインのサポートスタッフが入ってきてから、1カ月半くらいで仕上げたことになります。結果的に、目標通りの売り上げはちゃんと達成したんです。

あと、『アウトラン2』ではなく、別のタイトルにしろと言われていました。『アウトラン』なんだけど、『アウトラン』にするなっていう、なんだかよくわからない話だったんです。あの頃

『ダイナマイトダックス』の画面写真
写真提供：セガ

『ターボ アウトラン』のブローシャ
資料提供：濱垣博志

のセガでは「続編」をすごく嫌っていたんです。

それならばということで、内容を映画の『キャノンボール』調にしたんですよ。ヨーロッパの街道を優雅にドライビングするゲームが『アウトラン』なら、もっとスピード感のあるアメリカンなレースゲーム。車がガシャガシャと当たっても、すぐにクラッシュしないというコンセプトでした。

ゲーム内容を『アウトラン』とは別物にしたけれども、実際に出してみると、世の中からはこれは『アウトラン』の続編じゃないという否定的なことを言われるんです。そりゃそうだろう、と。違うものにしろと言われて開発したわけですからね。

でも、これがそれなりに売れて評価が高まると、今度は社内から、あれは『アウトラン』があったから売れたんだろと言われちゃうわけです」

ターニング・ポイントとなった『GPライダー』

ああ言えばこう言うような社内環境。それゆえに三船は、自身が一貫して企画開発したものがないというジレンマを抱えていたが、それを解消すべきタイミングが迫っていた。

「そんな状況なので、次に自分で企画した『GPライダー』（1990年）を開発する段になった時に、今度は『三船は、まだ1つも自分でヒット作品を出していない』みたいなことを言われたんです。だから、今までは会社の方針に沿った開発をしてきて、自分の意思だけでゲームを作ったことはないんですけど、と抗弁したら、『そこまで言うなら、好きなようにやってみろ』と言われて、初めて自分の好きなように開発したのが『GPライダー』だったんです。出してみたら、結構セールスが良くてホッとしました。『ＧＰライダー』が売れていなかったら、今の僕はなかったかもしれません。

そこからはゲーム開発に関して、あまり干渉されなくなりました。ある程度、自分でこういうコンセプトでやりたいと貫けるようになったんです。『ＧＰライダー』が自分自身のターニング・ポイントですね。

ゲーム中の表現とかに関しても、裕さんとはずいぶんと言い合いをしました。周囲の先輩とか、スタジオ１２８になる前の部署の先輩からは、『お前、よく、裕さんと喧嘩するよな』と言われていましたからね。

あの当時、僕はまだ10代の若さで、裕さんも20代半ばくらいだったと思いますが、ふたりとも人格的なことを責めているわけじゃなくて、単純に作っているものに対しての前向きな議論や、ゲームをより良くしようということを話していたんですよ。その言い方がお互い激しかった時期があったのかなと思うんですけどね。

それを許して、付き合ってくれた鈴木裕さんがいて、それは本当にありがたかったし、いまだにそれは忘れられないですね。ですから自分も後進に対してはそうありたいと思っています」

『GPライダー』 写真提供：セガ

スタジオ128が入居していた大田区のビルは現存している　写真撮影：筆者

STAGE 5

「体感」か「制御」か。技術革新の間で揺らいだ『アフターバーナー』

『アフターバーナー』　写真提供:セガ

完成度の高い擬似3D

1987年7月18日に導入された戦闘機シューティング・シミュレーションゲーム『アフターバーナー』は、その開発者たる鈴木裕の名前をさらなる高みに押し上げ、セガの「体感ゲーム」を世界的に知らしめた作品である。

まだ3次元コンピュータ・グラフィックスの技術が実用化される前の時代のゲームであるが、疑似的な3次元コンピュータ・グラフィックスの完成度は高く、鈴木裕のアグレッシブなクリエイティビティを感じさせるゲームに仕上がっている。

2001年3月、株式会社セガの代表取締役社長に就任した佐藤秀樹は、1971年4月にセガに新卒で入社し、開発部門を経て、1983年にセガの家庭用ゲーム機であるSG-1000とSC-3000を手掛け、それ以降、ドリームキャストに至るまでセガのすべての家庭用ゲーム機開発に携わってきたが、鈴木裕の前向きな開発姿勢を高く評価する1人である。（STAGE 1 55頁参照）

佐藤と同様に『アフターバーナー』の体感ゲーム筐体を開発した松野雅樹が、鈴木裕の異才ぶりを、こう証言する。

「『アフターバーナー』の頃から裕さんは、3次元コンピュータ・グラフィックスのことはよく話していました。いずれ、ビデオゲームの主流になると。

プロジェクトのことで、裕さんのところへ雑談しに行くことがあったんですけど、そこでいろいろと教えてもらいましたよ。ある時、裕さんが『3次元コンピュータ・グラフィックスで木を描くためには、十字で描くんだ』と言って、ポリゴンのオブジェクトを2枚クロスで重ねると、

1980年頃、佐藤秀樹が当時の開発機材であるインテル MDS230を操作している　写真提供：セガ

どこから見ても木に見える。『上からの視点で見ると十字だけど、画面上では見えないから、それで成立するんだ』と言っていたのが印象に残っています。

『アフターバーナー』は、裕さんのプロジェクトとしてスタートした作品です。あの時も新ハードを作ってからの開発スタートで、開発基板は1枚ものでかなり大きかったと思います。まったく新規の基板でしたね。2次元のゲームとしては、このあとに『ギャラクシーフォース』（1988年）がありますが、『ギャラクシーフォース』は2枚の基板を2階建てにしていました。2次元系のゲームは『ギャラクシーフォース』と、AM3研の小口久雄（おぐちひさお）さんが開発した『スーパーモナコGP』で終わりだったと記憶しています」

松野とともに『アフターバーナー』の筐体開発に勤しんだ伊藤の証言はこうだ。

「あの頃は、第1研究開発部がアミューズメントのソフトで、第2研究開発部がコンシューマのソフト、第3研究開発部がコンシューマのハード、第4研究開発部が自分たちの部署で筐体などの設計製造、第5研究開発部がアーケードのハード開発をやっていた佐藤秀樹さんの部署でした。のちに第6研究開発部ができてメダルゲームを開発していました。第7研究開発部はトイ関係を開発していたと思います。

その頃、裕さんは第8研究開発部だったと思います。まだ特にアーケードとコンシューマという括りはなかったように思います。

その後の組織改変を受けて、ずいぶんと編成が変わった記憶があります。第1AM研究開発部は中川力也さんが部長になって、第2AM研究開発部は鈴木裕さん、第3AM研究開発部は小口久雄さんが部長になりました。自分たちの部署は第4AM研究開発部です。その頃にはコンシューマに特化した開発部署もできていたと思います。

『アウトラン』の時から、筐体はソフトからの命令で動いています。コーナリングの際はどのように重力、加速度を感じるのかなど、すべてプログラム側の制御でやっていました。『アフターバーナー』も同じで、プレイヤーのコントローラーではなく、ソフトウエアのプログラム信号で動いているので、筐体はその入力を待っているだけでした。そのあたりのプログラムは裕さん次第というか、ソフト開発側のプログラム次第ということになります。もちろん、ハードのほうではフェイルセーフとかの対策はやっていますけど、ゲームに連動したモーションとかハードの挙動はすべてソフトの入力信号にシンクロしていたんです」

ゲームに連動した筐体のモーション・プログラムについて、鈴木裕の部下であり、よき理解者として伴走した三船敏が当時の開発過程を語る。

「僕のなかで強く記憶に残っていることがあるんです。『アウトラン』と『アフターバーナー』のモーター制御は、僕が開発したんですよ。

特に『アフターバーナー』は途中まで、すごいものを作ったぞと実感しているんです。ただ

『アフターバーナーⅡ』の最終段階で、ハードウェア系の開発部署の方が、筐体の動作ユニットを制御してしまったらしいんです。

どうやら、動作ユニットに内蔵されたモーターへの負荷を軽減するために、ゲーム側が送った信号を緩めて、機械ユニットが壊れないような制御装置を間に組み込まれたようなんです。

戦闘機のアクションで搭載しているモーターを反対に回す時には、ものすごい負荷がかかるらしくて、逆起電流※の負荷が大きいために、ルールとして、これをやる時は信号を送らずに逆転させろ、という決まりがあったんですよ。ゲーム開発メンバーは、当然そのルールを守るわけです。理由は機械を壊したくないからです。ただ、そのルールは守っても、限界まで動かすとモーターが壊れてしまうケースはあったらしいんですが。とにかく、壊れるのはまずいので、対策として制御ユニットを入れて、信号を緩めるようになったんです。

『アフターバーナー』の初期ロットは、筐体の横ストロークの動きがものすごくて。縦の動きは重いから、そんなに速くは動かないんですけど、横の動きはとても速く動いたので、操縦桿をグッと入れるとガーンとなって、身構えていないと体を持っていかれるという……。内側の座席のところだけがモニターと一緒に連動して動く仕組みがあって、その内側の振り子の部分の動きがすごかったんです。

ドッグファイトに対して強烈にガクンガクン動くように作ったので、これはすごいぞと思っていたら、実際に店舗に出荷されたものは対策済みで、フニャフニャに変更されていました。とはいえ、プレイヤーの間ではレスポンスがいいと評判だったようです。僕はルールを守って作ったんですが、それでも壊れてしまい、本来の仕様を活かせなかったのは残念だったなと思いました。

筐体の縦の動きに関しては鈴木裕さんのアドバイスがあって、『最初の空母の発艦シーンは、プレイヤーに気が付かれないようにゆっくり前に傾けろ。そのあとで、ストロークを稼いで一気

※電流が変化することによって誘導性回路に生じる電圧。

に後ろに傾けろ』と言うんです。これは、なるほどと思いましたね。わずかでも前傾した状態から、一気に体重が後ろに持っていかれるだけで、人間の体感はずいぶんと変わるんです。あのようなモーター制御の仕事は楽しかったですね。でも、松野さんや伊藤さんといった筐体開発の方たちは怒っていたかもしれないですね」

これらのソフト開発、大型体感ゲームの筐体開発を支えてきた鈴木久司はヒットゲームの要素を称して次のように述べている。

ヒットするゲームとは「撃って・走って・飛んでの3要素が揃ったもの」と。

鈴木久司は、鈴木裕が開発したゲームを、それらの要素を満たした魅力的な作品と評して支援してきた。また鈴木久司のモットーは「右向け左」。聞けば、世の中の流れに沿っているだけではヒットは生まれない、それとは別の何かを見つけて追求することが大事だと言う。

これらのプロダクツやコンテンツを育んだのは、そのような考え方と時代性があったからなのだろう。

『アフターバーナー』の画面写真　写真提供：セガ

現在もカナダのスカイロンタワー・アーケードで稼働する『アフターバーナー』
写真提供：Sara Zielinski

写真撮影：筆者

鈴木裕

体感ゲームの生みの親

Profile　生年月日　1958年6月10日
岩手県釜石市出身
岡山理科大学理学部電子理学科卒業
セガ・エンタープライゼス　入社　1983年4月
株式会社 YS NET　設立　2008年11月11日

Creator's File 2

もし、セガに鈴木裕がいなかったら、ゲーム産業の歴史は今とは異なったものになったに違いない。もちろん、テクノロジーの進化の結果、3次元コンピュータ・グラフィックスを多用したゲームは1990年代の中盤には生まれていたが、それらの正当な道筋は、鈴木裕とセガ開発者たちによって開発されたゲームによってもたらされたということに異論を挟む余地はないだろう。そして、鈴木裕が活躍する以前にポピュラーだったエレメカ系業務用ゲームを、新次元、新機軸のビデオゲームに引き上げたことはゲーム産業にとって革新的なことだった。

本章では、鈴木裕のセガ入社経緯、そして、どのような思いと経緯から数々のヒットゲームを世に送り出したかを本人へのインタビューから解明する。そこには意外な入社動機や、いくつかの偶然と幸運な出会いがあり、不断の努力と周囲の支えが鈴木裕を世界で有数のクリエイターに押し上げたといえるのではないだろうか。現在もゲーム開発に情熱を傾ける彼の姿勢を明らかにしたい。

――セガへの入社経緯を教えてください。

週休2日制だったからです(笑)。

セガは第1候補ではなかったですけれど、面接官の人が面白くて、まんまと彼の手中に落ちたという感じです。僕は社会人になったら、週休2日で、週末は趣味の世界に生きるんだ、くらいに思っていたんです。仕事は辛くても、平日は頑張ってやって、土日になったら楽しく過ごそうと。でも、ウイークデーも楽しい会社に巡り合ったというわけです。

――入社後の仕事はどんなことから始めましたか。

僕にとって、働くことは汗を流すことだと思っていたんです。ところが、セガに入ってみると仕事は教えてくれるし、プログラムの勉強もさせてくれるし、研修期間中でもお給料もらえるし、至れり尽くせりです。こんないい会社があるのかな、なんて思っていました。

入社当時は、筐体に重りです。可動筐体の重りです。テレビモニターを取り付けたりする仕事をしていました。変わった仕事としては、可動筐体の重りです。「お前が重りになれ」と言われて、モーターが回っているキャビネットにしがみついてずっと耐えていたり、「ラッピング」というハードウェアの配線などを経験させてもらいました。

――その頃のセガの社内構成や開発体制はどうでしたか。

その頃はソフトとかハードという区別はなく、開発部署は1つでした。入社当時の上司だった吉井（正晴）さんから「タイムカードのプログラムを作ってみるか」と言われて、出勤退勤のタイムカードのプログラムを書いた覚えがあります。それでプログラム開発ができるということが吉井さんに伝わって、セガに入社して初めてのゲーム作品『チャンピオンボクシング』[※]の開発プロジェクトの仕事が回ってきたんです。

『チャンピオンボクシング』は、リリース間近になってもプログラムがバグってうまく動かなくて、吉井さんが助けてくれたことを覚えています。吉井さんはハードもソフトもできる人だったんです。当時の開発は、ハードウェア系は〝鬼〟の佐藤秀樹、ソフトウェア系は〝仏〟の吉井正

※1984年　石井洋児、小玉恵理子　鈴木裕による企画プロジェクト。

晴と呼ばれる2人が部署をまとめていて、私は幸い〝仏〟のもとにいました。
吉井さんは、40ピンのロムを手で掴んで抜いていくんです。普通はなんらかの器具を使って抜くわけですが、吉井さんは素手で抜くから、〝アイアンクロー〟と呼ばれたプロレスラーのフリッツ・フォン・エリックみたいだなって思っていました。吉井さんには本当に良くしてもらいました。私が会社のデスクで居眠りしていても起こさないんです。私が居眠りしていて、パッと目開けたら目の前に吉井さんがいて、「今、寝ていたでしょう……」とか言うんです。私は常に、吉井さんの喜ぶ顔を見たくて仕事をしていました。

――『ハングオン』の企画がセガに持ち込まれた頃のことを覚えていますか。

『ハングオン』の元企画は、コアランドテクノロジーという会社からセガに持ち込まれたんです。トーションバーという、ねじって戻る特徴のあるバーを、バイクの車体を倒して、戻る力に使えないかという企画だったんです。でも、バイクのコーナリング時に中間状態を保つのが難しかったので、最終的にトーションバー方式では開発は無理だという結論に達して、スプリングを左右の2カ所で受けて、センターで筐体をまっすぐの状態に保つような仕様に変えました。
あとは本物のバイクに使われているアクセル、ワイヤー部品を、そのままゲームに使うということもやりました。新規にセガでパーツ開発をするとコストもかさむので、ありものを転用すれば研究開発費の軽減になる。それに、本物のほうが部品としての耐久力もあるし、壊れた時の部品調達も楽だと思ったんです。でも、これには誤算があって、本物のバイクを1日中乗る人は稀ですが、ゲームセンターの『ハングオン』は、1日10時間以上も稼働してしまうわけです。それだけに消耗が激しかったです。

『ハングオン』は、台に両足をついてプレイする人が多かったですけど、開発当時の私としては、本物のバイクと同様にステップに足を乗せて遊んでほしいと思っていたんです。自分が開発している時は、連日、乗って、乗って、乗りまくっていました。

その当時、私はセガ社内の消防担当をやっていて、革製の防火手袋を持っていました。その防火手袋をテストプレイ用のグローブ代わりに使っていたんです。防火手袋は耐火の目的もあって、3ミリくらいの厚みがあるんですが、毎日テストプレイをしていたら、2セット分は穴をあけてしまいました。

それくらい『ハングオン』をやり込んでいたので、両足をステップに乗せたままプレイしてステージクリアできるくらいまでになりました。確か一般のプレイヤーのクリア設定としては、200プレイを想定して難易度調整をしていました。ダンロップ・ブリッジが見えたら、スローダウンして急カーブに備えるとか、プレイヤー泣かせのポイントには必ず目印を置いて学習効果を出すような設定をしていました。

――ターゲット像などはあったのでしょうか。

この前、古い書類を整理していたら、『ハングオン』の企画書が出てきました。なんと、A4サイズの紙1枚でした。自分が見て一番面白かったのは、対象ターゲットの年齢設定が「16歳・男」と書いてあったことです。

バイクに乗りたいけど、まだ中型や大型バイク免許が取れていないギリギリの年齢をターゲットにしようというピンポイントな内容になっていました。バイクに憧れている人がバイクに乗る前に夢を叶える、みたいな企画書でした。でも、その企画書は後で書き直していると思います。というのも、私はゲーム開発の時は、あらかじめ、どんなことができるか、どんなことをやりたいかということを、すべて自分のコンピュータで先にシミュレーションしていたからです。ですから、あとから『裕さんすごいね、この企画書にあることは全部できているんですね』と言われたけど、そりゃそうなんです。最初に全部自分であらかじめシミュレーションしておいて、会社に出す企画書にはできることしか書いていませんから。

それらの開発シミュレーションは自宅のPCでやっていました。PC8800とかPC9800とかで、プログラム言語も適当なものを使ってシミュレーションするしかなかった時代です。シミュレーションした結果が企画書であり、それができることが前提でゲームになった。だから、私の企画書はできることしか書いていません。他の人から見ると有言実行に見えたと思います。ある意味、答えを知っていて、答案用紙に回答を書くようなものです。

――セガに就職する前、ビデオゲームとの接点は？

学生時代は、友達から「ゲームセンター行こう」と誘われるのが嫌でした。なぜかというと、ドライブゲームをやっても、自分がビリになるわけです。本物の車だったら、絶対にビリにならないんだけど、ゲームでやるとビリになる。いつしか、俺が下手なんじゃなくて、ゲームの方が悪いんだと思うようになりました。

もし自分がゲームを作るなら、自分でも勝てるゲームを作ろうと思うわけです。それが、本物のドライブテクニックが生きるようなゲーム。当時は、クルマが壁に触れただけで爆発するゲームばかりでした。でも、実際には、車体を擦ったことはあっても、爆発したことはない。ちょっとくらい滑っても立て直しができるし、オーバー・スピードでコーナーに入っても、内側に向けてスピードを落とすとか、リカバリーが利くんです。大学時代は岡山にいたので、県境の大山（だいせん）という場所のワインディングロードを走っているうちに、知らず知らずにドリフトができるようになっていましたから。

それらの体験を活かし、少しのハンドルミスならリカバリーができるように『ハングオン』を作ったところ、クルマやバイクに乗る人たちからの評判はよかったです。今でも、サーキットで単独走行する方が好きですね。対向車は来ないし、道を目いっぱい使うことができるし、繰り返し自分のテクニックを試せるところがいい。同じコースを回って何が楽しいっていう人もいるけど、周回ごとに発見があるし、毎回チャレンジできるところが自分は面白いと思います。

バイクで友達とツーリングに行く時も、何時にどこで集合して、次はどこに向かうということを決めたら、その間は自由に走りたいなと思います。他人のペースに無理して合わせて、事故を起こしたりするのも嫌ですよね。バイクで走れない道を、マウンテンバイクで走ったこともあります。セガに入社した頃の夢は、カリフォルニアで開催される砂漠のレース、バハ1000マイルラリーに出ること、なんて言っていました。どちらかといえばオフロード系が好きですね。

――『アウトラン』開発の経緯を教えてください。

『アウトラン』は、映画『キャノンボール』を観て、大きく影響を受けました。主演はバート・

レイノルズで、アメリカ大陸を東から西へ横断するレース映画でした。色々なキャラクターのチームとドライバーが登場していて、王族とか神父チーム、美女チーム、スバルの日本人チームとか、そのバラエティ感が面白かったんです。

あの映画のコースを取材で走って、ドライブゲームを作ったら面白いんじゃないかなと思って企画提案したら、会社からＯＫは出たんですが、実際のコースは砂漠ばっかりで景色が単調で変わらないこと、アメリカは危険ということで、急遽ヨーロッパに変更して、フランクフルトから入ってスイス、アルプス、フランス、最後にローマまで移動するルートに変更しました。先輩だった石井洋児さんが同行し、珍道中となりました（笑）。当時のゲーム業界では、こんな大掛かりな海外ロケハンは珍しかったと思います。

ヨーロッパ取材のクルマはフェラーリやポルシェを借りたかったんですが、２人分の荷物がトランクに載らなかったので、BMW520をレンタカーで借りました。BMW520はアウトバーンで200キロくらいのスピードがメーター読みで出ていたんですけど、それをおばあさんのベンツにぶち抜かれたりしていました。無人のクルマに抜かれたと思ったら、おばあさんが乗っていたこともありましたね。

速度無制限のアウトバーンは、第２次世界大戦中に戦闘機が緊急離陸や着陸するために作られたものだからまっすぐなんだよ、と教えてもらいました。ドイツ

『アウトラン』ロケハン時の記録動画よりキャプチャした画像　提供：石井洋児

では600キロメートルの移動が3時間で終わってしまったり、国によっては1日かかったり、色々な経験をしました。あと、英語が通じなくて困ったこともありました。日本への連絡もできなくて、帰国したら怒られました。

レストランに行って「メニューください」と言ったら、よくわからない料理が出てきました。フランスでは〝メニュー〟というのは、〝定食〟のことらしいです。料理を個別に選びたい場合は「アラカルト」と言うのだと、後で学習しました。日本のレストランみたいにメニュー表に写真があるわけじゃないので、文字を指さして、これとこれをくださいなんて言うと、スープばかり出てきたりするし……。そういう経験は、『アウトラン』には活かされなくても、後の『シェンムー』のクエストのネタになったりしました。

——体感ゲームを作ったスタジオ128とはどのような組織だったのでしょうか。

AM2研を立ち上げる前の部署の名前です。私はプログラマーだったので、2、4、8、16、32、64、128などの2の冪乗(べきじょう)、べき数が好きなんです。その128を部署名にしました。

当時のセガの勤務開始時間は朝8時半からでした。でも、当時のメンバーの三船(敏)たちは前日の23時とかまで開発チームで働いていたんです。セガの就業規則では遅刻を3回すると欠勤扱いになるんですけど、トータルで見ると誰よりも仕事をしている。セガのために、これだけ一生懸命、私とチームのために一緒に頑張ってくれているスタッフのためにも、当時のセガの就業規則にあてはめない部署をやらせてくれと交渉しました。

新部署で最大のパフォーマンスを出すからと言って、私の管理下でスタジオ128を作り、セガの本社ビルから離れました。本社の中にいると、他の部署やチームから、あの連中はまた遅刻してきたと言われる。だからセガとは別のビルを借りてスタジオ128を作ったんです。そのスタジオ128の勤務体系が、その後のセガのフレックス制度のモデルケースになったんです。

——『スペースハリアー』はもともとは戦闘ヘリによる3Dシューティング企画だったそうですが。

『スペースハリアー』は、もともと別の開発者が進めていた企画でした。その企画をソフトウエア担当の私が見ると、当時のセガの開発基板ではオーバースペックに感じました。メモリーが少ないので、ハリアーの飛行機モデルを大きく表現できない。なので、ハリアーではなく、人間を飛ばすことにしました。人間が飛ぶ世界観なので、当然背景はSFになる……という風に企画をハードの性能に合わせて変更していきました。

敵のキャラクターは、3Dで見えるように、1個1個のパーツを工夫して、それをスプライトで画面上に反映していくという方法をとりました。内部演算は3Dでやって、最終出力はスプライトで表現するという方法です。私の関わったゲーム……『チャンピオンボクシング』以外は、内部で3Dの計算をしていたんです。内部も3D、最終出力も3Dになったのは『バーチャレーシング』からで、それによって大学の時からやりたかったことに、やっと時代とテクノロジーが追いついたということです。

スタジオ128メンバーとの写真から　写真提供：三船敏

――あの頃を振り返って思うことを教えてください。

今思えば、当時の開発資金は潤沢ではなかったと思います。例えば『チャンピオンボクシング』の開発は4人でした。個人的には、現在のようなゲーム開発予算ではなかったと思います。とはいえ、ハードウェアセクションは、メカトロニクスを駆使したムービングキャビネットの究極の形である「地球コマ」（『R360』）を目標にして、ソフトは2Dから3Dへの流れの中で最高のパフォーマンスを追求して、常に新しいジャンルに挑戦し続けた。まさに人社一体となって、夢に向かって快進撃を続けた時代でした。

あの当時、三羽ガラスといわれた販売トップの小形さん、営業トップの永井さん、開発トップの鈴木久司さんや、社長の中山隼雄さんも人間味がありました。「飛ぶ鳥を落とす勢いのあるセガがそこにありました。良い時代を共有できました。

これからも自分が納得のいくものを作りたいです。人にどう思われるだろうっていうことではなくて、ストーリー性やメッセージ性がある、単なるエンターテインメントではないものを作りたいです。

STAGE 6

究極の体感ゲーム『R360』とその帰還

『R360』 写真提供:セガ

『R360』記者発表会@羽田東急ホテル

1990年7月3日　早朝8時。セガ別館を出た4トン・トラックが羽田東急ホテル（2004年9月閉館）裏手の搬入口に横付けされた。4トン・トラックはクレーンを搭載した「ユニック車」と呼ばれるもので、重量物の積載をスムーズに行うためのものだ。

セガから羽田東急ホテルに駆け付けた搬入スタッフは、開発を主導した第4AM研究開発部、メカトロ2課から7人、彼らは徹夜明けであった。それ以外は、施設技術部、販売技術部、販売担当者、宣伝部、広報部などの担当者を含めると総勢50人が、『R360』の記者発表会の準備にあたっていた。

羽田東急ホテルの搬入口の寸法は、事前の下見で入念に計測したものの、上下左右のクリアランスが思った以上に乏しく、実機の『R360』を入れるのは一発勝負。精緻なアールを描いて形成されるこのマシンをどこか1カ所でも傷つければ正常な作動は困難、スタッフ一同に緊張感が走る時間が続いた。

記者発表会場の大宴会場に続く真紅の絨毯を傷つけまいと、自社から運び、敷き詰めたベニア板はミシミシと悲鳴をあげている。その中を、ゆっくりと感触を確かめながら進む。なにしろ『R360』と、その台座の重みは約1・5トンもあるのだ。

通常ならば数秒で歩き抜ける廊下が永遠かの如く続く。その天井の高さを感じさせることもなく、関係者たちは非常に窮屈な様子で廊下を進み、大宴会場に入るとそこで初めて各部の接合と動作確認が行われた。

搬入に手間取りながら、主要部品を組み立てていく。時間は刻々と過ぎて、すべてが終わった

当日の搬入の様子。『R360』発表会の映像からキャプチャ。下の写真は左から永井明（常務取締役）［当時］以下全員）・小形武徳（常務取締役）・鈴木久司（常務取締役）・倉沢申（第4AM研究開発部部長）
動画提供：吉本昌男

のは開始時刻の13分前だった。

そして、正午、定刻通り『Ｒ３６０』の記者発表会はスタートした。

登壇者は、アーケードゲーム施設運営責任者、ＡＭ施設統括本部・統括本部長、常務取締役の永井明。アミューズメント機器統括本部・統括本部長、常務取締役の小形武徳。研究開発本部・統括本部長、常務取締役の鈴木久司、第４ＡＭ研究開発部部長、倉沢申（くらさわすぐる）が壇上に並んだ。

この日を境に、技術開発者の夢を乗せて『Ｒ３６０』が、くるくると回り始めた。

海外のセガマニアの間では、この7月3日が『Ｒ３６０』の誕生日として認識されている。１９８５年に導入された『ハングオン』から、わずか5年の間にこれだけのテクノロジーの発展を遂げたセガが誇る「体感ゲーム」の極点『Ｒ３６０』はどのように生まれたのかを検証する。

セガ「体感ゲーム」の極点——『Ｒ３６０』の起点

『Ｒ３６０』、それはセガの体感ゲームの集大成である。

このプロジェクトはいかにして始まったのか。本章では、80年代後半に『Ｒ３６０』の開発に心血を注いだ3人の技術者にスポットをあてる。

セガにおける「体感ゲーム」の歴史は１９８５年の『ハングオン』のリリースに始まり、本章で取り上げる１９９０年の『Ｒ３６０』で一時代を終える。

もちろん、3次元コンピュータ・グラフィックスを導入した『バーチャレーシング』や、当時としては斬新だったＶＲヘッドマウントディスプレイを使ったアトラクション『ＶＲ-１』（１９９４年）なども「体感ゲーム」の部類に入れることもできるが、それらはグラフィックとリアリティ面にフォーカスした新技術のゲーム・エンターテインメントと言い換えたほうが適切ではないだろうか。

その意味では、『R360』こそが、工業製品としての「体感ゲーム」の極点だろう。セガの体感ゲームのヒントは常に身の回りにあり、それらをセガの優秀な人材が集団的技術力と資本力でまとめ上げていったものだ。つまり、巷にあるヒントを基に最適解を探すようなものだったに違いない。時代が良かったのかもしれないが、1970年代の後半から1980年代の中盤に向けて、新卒採用を強化し、優秀かつ情熱あふれる研究開発者を他社に先駆けて採用してきた結果ではないだろうか。

その中の1人、1985年に入社した松野雅樹は次のように語る。

「1989年の7月中旬に鈴木常務に呼ばれて常務室に行くと、そこには海外事業部の人がいました。そして、鈴木さんに『オーストラリアのパースで変わったゲーム機がロケテストをやっているから、ちょっと偵察して来い』と言われたんです。パース訪問は7月末から8月上旬でした。そこにあったのは、聞いたことのないメーカーが開発した実験機のようなものでした。のちの『R360』はX・Yの2軸ですが、そのマシンはX（横）・Y（縦）・Z（奥行）に動ける3軸回転だったんです。肝心の動きは、予想に反してゆっくりしたものでした。しかし、驚いたのは『アフターバーナー』が無断でインストールされていたことです。あの時代ですから、セガへの許諾もなくて、勝手に使われていたんです」

松野が帰国すると、鈴木久司は、「どうだ、お前たち、ウチで作れるか」と尋ねてきた。これが『R360』開発プロジェクトの発端だという。

すでにあったものを、セガとしてアレンジすることができるかという前提でスタートしたプロジェクトだったのだ。

大型筐体ゲームを開発していた山田順久も当時のことを覚えている。印象的だったのは、筐体完成後の松野雅樹の姿勢が極めて謙虚であったことだと語る。

『R360』みたいな派手な筐体は、それまでのセガにはなかったものです。画期的でした。機構のアイディアに関して『すごいものを作ったね』と話した時も、松野さんは『いえいえ、山田さん、全然すごくないですよ』と言うんですよ。機構のアイディア自体は無数にあって、それを見ればいろいろなものを参照できると言うんですよ。つまり、諸先輩たちがそういう勉強を全然していないだけだと……と言っていたのが印象的でした。アイディアはどこにでもあるのかもしれないけれど、それを実際に具現化するというのは、やはりとてつもない力がいることです」

当時の流行り言葉で言えば、セガにも「新人類」※が到来したというべきだろう。旧来のエレメカ、メカトロの時代が終わりを告げ、汎用的な部品や使い古されたコンセプトでも、その組み合わせで最先端のモノづくりを行う「新人類」がセガにも生まれつつある時代になったのだ。

松野と同期で、『R360』を一緒に開発した伊藤太によれば、「『R360』というゲームはないんですよ。あれは単純に筐体だけ作って、とりあえず『G-LOC : AIR BATTLE』をソフトとして載せてみるかということでした」

松野雅樹、伊藤太より、2年遅れてセガに入社した吉本昌男も『R360』の開発当時の状況を良く知る1人だ。

「1987年にセガに入社しました。近畿大学理工学部金属工学科出身です。バイクが好きだったので、ヤマハ発動機に入社を志望していました。ヤマハの入社面接では、ヤマハ愛から、当時、自分が乗っていたRZの改善すべき点ばかり言ったことを覚えていますが、残念ながら、あっさり落ちてしまいました。セガとの縁は、セガ人事部の採用担当だった大学の先輩から、私が所属していた研究室の助教授宛てに『セガに見学に来なさい』と通達があり、ほぼ命令のように東京

※1980年代、経済学者の栗本慎一郎が作り出した造語。従来とは異なった感性や価値観、行動規範をもった世代の総称。

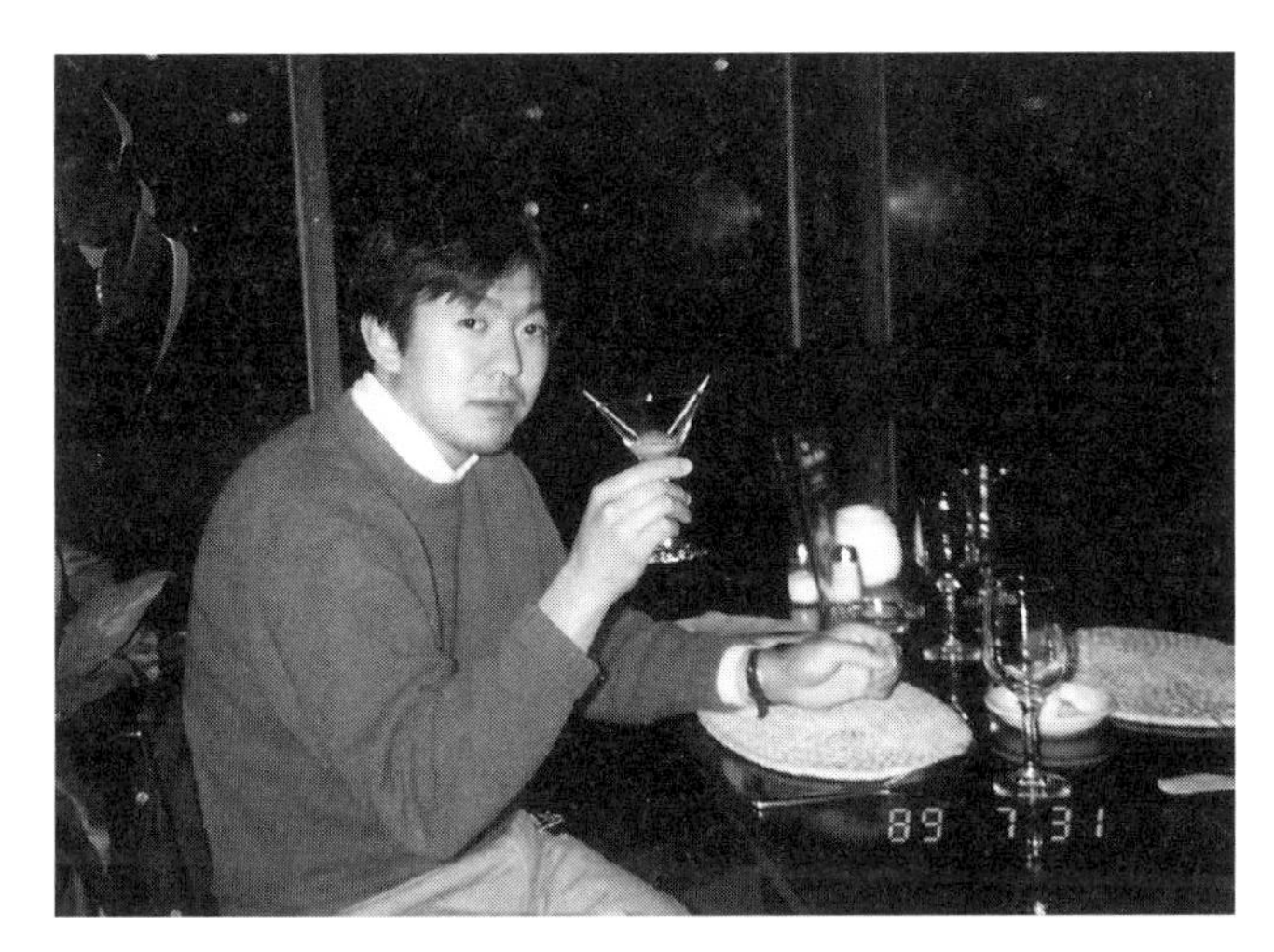

1989年、オーストラリア出張時の写真　写真提供：松野雅樹

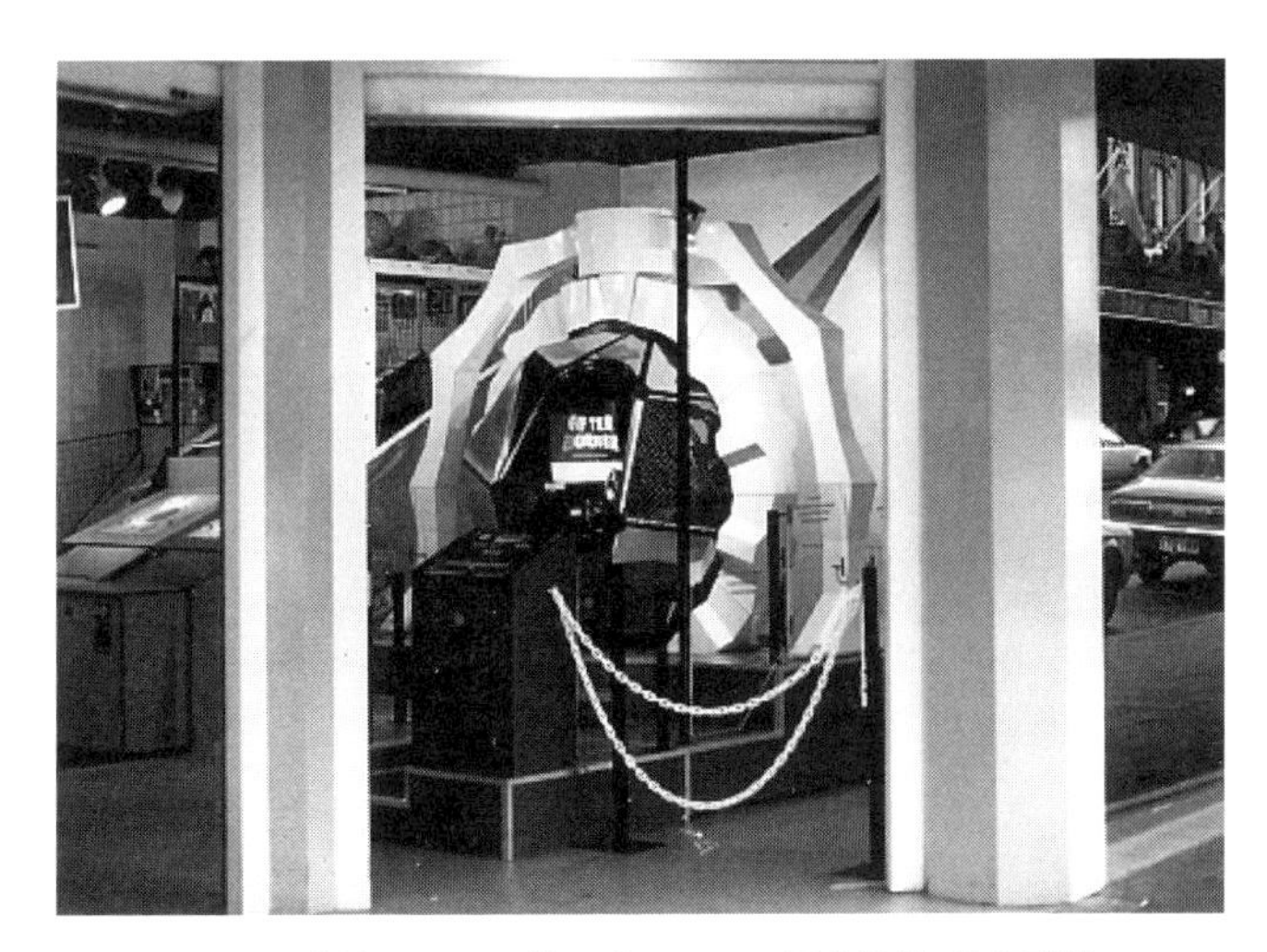

オーストラリアで稼働していた正体不明のマシン　写真提供：松野雅樹

に呼びつけられました。『ゲームには興味ありません』と言い続けていたんですが、いざ行ってみたら『ハングオン』がありまして、これもセガのゲームだったのか、と思いました。『ハングオン』のようなゲームを開発する会社なら、自分にマッチする仕事があるかもしれないと思いました。

僕がセガに入社した頃は、『アフターバーナー』の1号機ができていました。当時は、製品の検証がいいかげんなところがあって、量産の準備に入っているのに部品に設計ミスがあったりしたので、別館の工作室で『アフターバーナー』の鉄板に穴を開けたり、サンダーで削ったり、タッチアップしてそのまま量産機につけて出荷したりしていました。

『R360』は、松野さんを中心にしたメンバーで、みんな22～26歳くらい。自分たちで揃いのツナギを作って着ていて、『チーム若気の至り』と自称していました。舘ひろしさんが結成したバイクチーム『COOLS（クールス）』みたいな気持ちでした」

本書に登場する主要なメンバーは、必ずしもセガが第一志望だったわけではない。もしかすると、このような異才や異能の者たちが集まったことによる化学反応がセガを大きく変えていったのかもしれない。

未曾有のぐるぐる回るマシン開発実験開始

吉本ら若手開発者は、オーストラリアから帰国した松野の報告を聞き、写真などを見た印象から、これは大したことはない、我々ならばもっとすごいものを作れると確信したという。そのタイミングで松野がメカトロ2課の課長に抜擢され、20代前半の5人ほどのメンバーで「未曾有のぐるぐる回るマシン」の開発に着手した。

オーストラリアのパースに見本となる筐体があったとはいえ、『R360』は、セガ独自の発想がふんだんに取り入れられたマシンだ。その開発作業は、原始的な実験から始まったと吉本が教えてくれた。

「鈴木（久司）さんから『とりあえず回してみろ』と指示されたので、人が乗って回せるものが何かないかと探していたら、別館の屋上に電気配線工事で使われたと思われるケーブルドラムがありました。この中心部分を電動ノコギリでくり抜いて、中にレース用のバケットシートと4点式のシートベルトを装着し、開発メンバーが代わる代わる乗って、屋上でゴロゴロ転がしました」

松野もケーブルドラム実験をこう語る。

「ケーブルドラム実験の後に、X軸・Y軸それぞれを人力で回せるモデルを作りました。それで回転速度の目安を付けて、次にその速度を実現できる電動モデルを製作しました。それは鉄パイプの骨組みにバケットシートとシートベルトを取り付けたもので、外からモーターでX軸とY軸を回転させていました。これには鈴木久司常務も鈴木裕さんも試乗しています」

『R360』の外観で目を惹くのが、コックピット部分を360度取り巻くアーク（円弧）状のフレームだ。吉本によれば、このパーツの製造は、それまでセガが行ってきた筐体開発では例がないほど高い精度を要するもので、試作を何度も繰り返したという。

「元になっているのは断面が縦100ミリ、横50ミリで厚みが2・3ミリの角型鋼管なのですが、それをアーク状に加工すると、歪みによる残留応力、つまり元の状態に戻ろうとする力が働くんです。それが素材にクラック（ひび）などを生む要因になってしまうので、外部の加工メーカーと試作品を何度も作って、強度や耐久性を確認しました。

ちなみに鋼管はパイプベンダーという加工治具を使って曲げていました。ハンドクラフトの極地のようなものです。いかにフレームを真円に近づけるかが重要なポイントで、組み立てに関しても細心の注意が必要だったんです。ピッチ（Y軸）はフレームの外側、ロール（X軸）はフレームの内側から駆動していましたが、両軸ともフレームに沿って回転する仕組みです。電車で言えばレールに当たるものなので、そこに留意して開発と製造にあたりました。

あの当時、セガの外部加工メーカーは大田区内に16社くらいありました。大田区は、いわゆる町工場、『下町ロケット』の町です。蒲田があって、空の玄関の羽田があって、その中間の大鳥居にセガがあるという便利な立地だったと思います。製作を担当した町工場には自転車や徒歩で行ける。その町工場の職人さんたちは、何を作っているかはわからないけど、設計図通りに素晴らしいものを仕上げてくれるわけです」

松野もフレーム製造、加工の難しさを回想する。

「『R360』のフレームは加工が難しく、初期に製造されたものの一部に微細なクラックの発生があったので、定期的な打音検査を各ゲームセンターに依頼していました。その後、加工工程が確立してからは、そのようなことはなくなりました。フレームは2分割式で、半分組んだ後にコックピット部分をクレーンで吊るしたまま内側に入れて、残りのフレームを組み込みました。いわゆるハンドメイドで、1日で3台の製造が限界でした」

『R360』のように、いくつかのユニットに分けて製造し、最後に組み合わせる方法はブロック生産と呼ばれており、航空機や鉄道車両、船舶などで採用されている。組み立て作業は、千葉県印旛郡栄町にあったセガの自社工場（矢口事業所）で行われた。その場所は、現在、株式会社セガ・ロジスティクスサービス矢口事業所となっている。なお、後述するが、セガが海外のコレクター、クレイグ・ウォーカーから購入した『R360』のレストア作業も、このセガ・ロジス

ケーブルドラム。『R360』の開発に使用されたものとは大きさが異なる
写真撮影：筆者

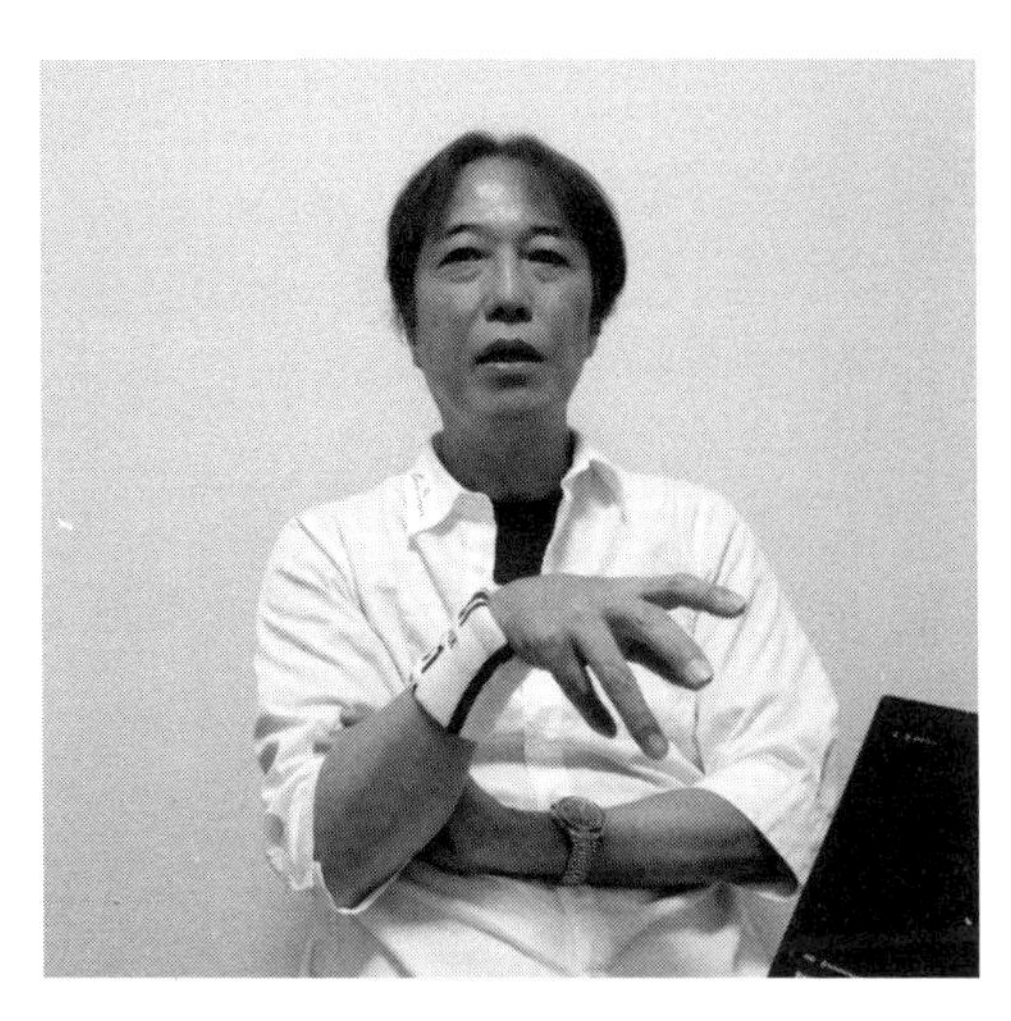

吉本昌男　写真撮影：筆者

ティクスサービスにて行われている。

『R360』の開発、設計、製造は新しいことづくめだったという松野。

「もっとも苦労したのは、X軸、Y軸が無制限に回転する仕様に対応することです。ゲーム基板や電源は外に配置するので、回転するコックピットへ電力や制御信号、映像などを送らなければなりません。当時はWi-Fiもなかったので、信号も動力もすべて有線接続で伝えることになります。あと懸念点は、消費電力が大きく、セガで初めて三相交流200ボルトという産業用電力を使うことになったことです。その設備を整えるために、担当者が東京電力に電話をかけて相談していたことを覚えています。羽田東急ホテルでの発表会も、電源関係では気を抜けませんでした。当時はブラウン管モニターしかなかったので、回転すると地磁気の影響で色ムラが発生したんです。自動消磁をかけるようにしましたが完全には解消できませんでした」

X軸、Y軸が無制限に回転する仕様のため

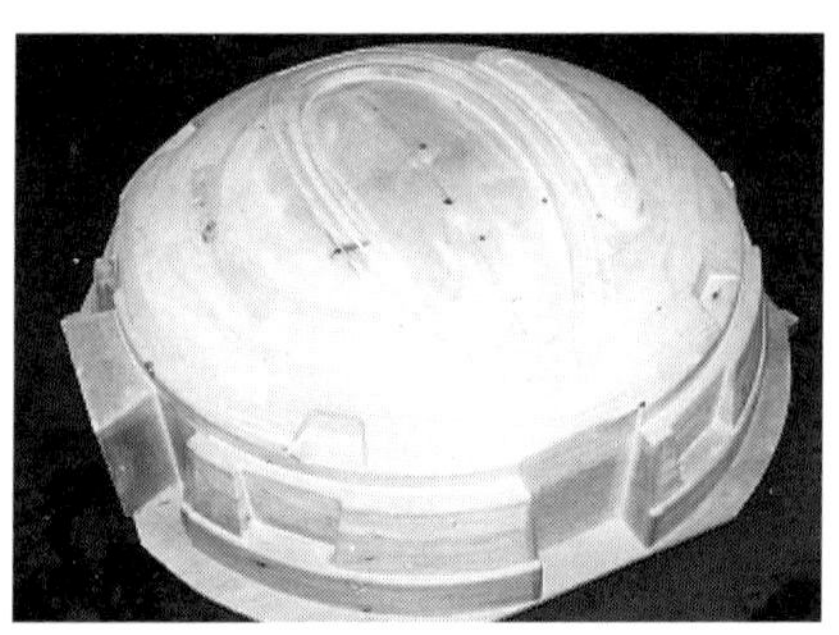

上：『R360』という名称が決定する前に制作された10分の1のスケールモデル　写真提供：吉本昌男
中：かつて『R360』の組み立てが行われたセガ・エンタープライゼス矢口事業所。現在は株式会社セガ・ロジスティクスサービス矢口事業所となっている　写真提供：セガ
下：『R360』の木型　写真提供：吉本昌男

に採用されたのが「スリップリング」というパーツで、回転体に電力や電気信号を伝えるものだ。吉本は、そのスリップリングや駆動モーターの選定を行った。

「スリップリングは電力、映像、X軸・Y軸の制御信号も伝えなければならないために、耐久性を重視してかなりグレードが高いものを採用しました。軍事船舶のレーダーにも使われる白金（プラチナ）接点のものです。定価は1個100万円ぐらいで、それをX軸用とY軸用に2つ使用しました。駆動モーターは東芝製の1500ワットのACサーボモーターをX軸用とY軸用に2個使用しています」

『R360』は大型化した筐体、高価なパーツとハンドメイドに近い製造方法により、従来のゲーム筐体、大型筐体とは異なる規格外の特別仕様となったことも起因し、販売価格もかなり高額になった。ゲームセンター事業者への正式販売価格（オペレーター価格）は1800万円。実売価格でも1600万円。さらに生産台数は150台限定、追加生産もなかった。それ故に現存する『R360』は、世界にも数少ない。

エンターテインメント性と安全性の共存を目指して

『R360』が目指したのは、究極のエンターテインメント性と、絶対的な安全性だったと松野は語る。

「意外に思われるかもしれませんが、『R360』の開発にあたって最重要テーマとして掲げられていたのは『安全であること』です。いかなることが起こっても、搭乗しているプレイヤーや周辺のお客様が怪我をすることは絶対にあってはならないんです。私が、オーストラリアで見たマシンや、『R360』と同時期に他社さんがリリースした3軸体感マシンは、稼働中にシートベルトを外すと緊急停止するようになっていました。しかし、マシンが動いている最中にプレイヤーがシートベルトを外せること自体が、とても危険なのです。

シートベルトは『ハーネス』と呼ぶのが通例ですが、『R360』のハーネスは、ほぼオリジナルの設計で、既存部品を使ったのはベルトとバックルのみです。『R360』のシートに座ると、上にスチールパイプ製のセイフティ・バーがあります。アテンダント・スタッフの指示でプレイヤーがそのバーを引き下げて、自身の体にフィットする位置で固定します。その次に、左右から伸ばしたシートベルトをセイフティ・バーに取り付けられているバックルに差し込み、ロックします。さらにサイドにある拘束レバーを締めて、緩みのない状態にしたうえで、プレイを開

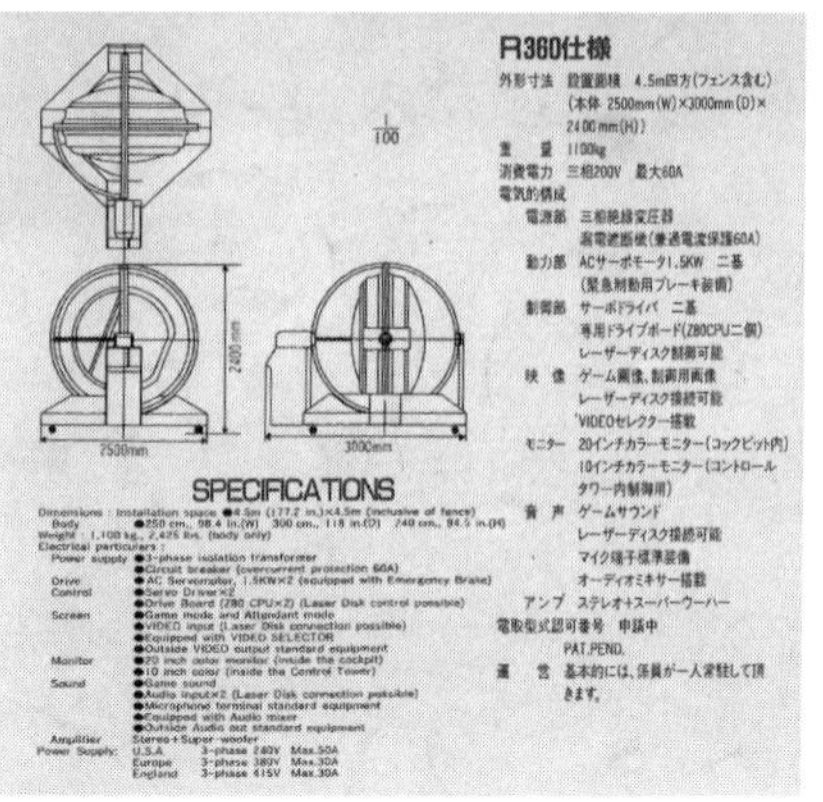

『R360』のブローシャ　資料提供：セガ

始というフローです。このような4点式でプレイヤーを固定するシステムは当時ほかになく、試作から最終仕様に至るまで1年半かかりました。

仮に何らかの不具合で停止し、逆さまになった状態だとプレイヤーは落下してしまいますから、プレイ中はシートベルトのボタンをロックして、外せないようにしました。自力では降りられず、必ずアテンダント・スタッフの補助が必要な仕様になっていました」

安全性に関しては吉本も同様にシートベルトの重要性を挙げる。

「やっぱりシートベルトでしょう。絶対的な安全性を守るために、シートベルトを重視しました。シートベルトさえちゃんと作れば、あとはマシンをぶんぶん回せばいいんですよ。

ただ、当時はまだ、ちゃんとしたアミューズメント・マシン用のシートベルトがなかったので、自分たちで作るしかなかったんです。2点式だと体が浮いてしまうから、4点式にしようということになって、クルマ用のシートベルトをメーカーさんから買って、見よう見まねで作り上げました。コックピットのバケットシートはセガの完全オリジナルでＦＲＰ製、表皮はＰＶＣ（塩化樹脂製ビニール）レザー貼り、中にはウレタンが餡子（あんこ）として充填されていました」

開発中の事件、事故

『Ｒ３６０』の開発中には、事故も起きたという。大きな金属部品が電気信号で回転するマシンゆえに、巻き込まれたりしたらひと溜りもない。吉本曰く、外部に言えないような事件や事故もあったという。その中でも、今に至っては笑い話となっている逸話がある。

『Ｒ３６０』のシステム開発をしていた社員が、自身で組んだプログラムをチェックする目的で

稼働中の『R360』。コックピットの奥に緊急停止ボタンが見える
写真提供：吉本昌男

周囲に誰もいない時にプレイしたところ、プログラムのバグが要因で、逆さになった状態で停止してしまったのだ。さらに、その場所は運悪く、本社とは別の旧本社内にあった８研の開発ルームで、人の出入りも頻繁には行われていなかった。

その社員はしばらくの間、宙吊りになっていたのだが、たまたま様子を見に行った別の社員が唸っているのを見つけ、機械をリセットし、降ろすことができたという。不幸中の幸いなのだが、これも安全装置であるシートベルトのおかげだ。もしシートベルトの設定が自分で解放できるもので、宙づりの状態でそれを行えば落下して大ケガを負っていてもおかしくない。

その社員が解放された後に判明したバグの要因は、彼自身がプログラムを組んだ体を固定するシステムに対して非常用の解除が効かなかったことが要因だった。

なお、『Ｒ３６０』は、プレイヤーの健康を配慮したうえで、負荷が２Ｇ以内に収まるように設定されていた。ジェットコースター等では、最大Gが3G以上のものが珍しくないが、それに比べると控えめに感じられるかもしれない。しかし、瞬間的にかかるGと、『R360』のように持続するGでは感じ方が大きく変わるという。また、プレイヤーが『R360』の回転に耐えきれなくなった場合のため、緊急停止ボタンも用意された。『R360』を体験したことのある方ならご存じだと思うが、コックピット内右側の壁面に設置された赤いボタン、通称「ギブアップ・ボタン」と呼ばれていたものがそれだ。

『R360』本体の横にあるブラックボックスのような「コントロールタワー」も安全対策の一環だ。コントロールタワーにはメイン基板や通信基板、その他の制御システムが内蔵されていたほか、10インチのモニターがついており、ゲーム画面やサービス画面が表示される。トラブル発生時や緊急停止時には、上部に備え付けられたパトランプが光るなど、まさにプレイヤーの安全を守るコントロールタワー（管制塔）だった。

こちらは吉本が説明する。

「『R360』の稼働において、ゲームセンターのアテンダント・スタッフが立ち会うことを基本的な稼働条件としていました。そのスタッフがコントロールタワーにあるキースイッチを操作しないと起動しないようになっています。また、コントロールタワーでスタッフ側からも緊急停止ができるようになっていました。さらに2軸の回転を個別に操作したり、ワンボタンでイニシャルポジションに戻したりもできる仕様でした」

また、プレイヤー以外の、周囲に対する安全対策にも抜かりはなかった。筐体の周りにはフェンスが取り付けられただけでなく、フェンスと筐体の間に感圧式のマットスイッチが敷き詰められており、人が近づくと緊急停止するようになっていた。

吉本によれば、『R360』自体の事故はほとんどなかったという。それは、徹底したフェイルセーフ、絶対的な安全を担保した設計のためにセイフティセンサーが多数装備されていたからだ。そのため、わずかな危険を察知して緊急停止するケースは多かったという。

それを証明するようなエピソードがある。都内のある施設に設置された『R360』は、毎日ほぼ決まった時刻になると緊急停止したという。原因を念入りに調べたところ、天窓から差し込んできた日光が、その時間になると、コックピットの乗降口近くに設置されたセンサーにあたっていた。そのセンサーは、プレイ中に手などが触れると緊急停止する仕組みになっていたので、日光をプレイヤーの体の一部と感知してしまったのだ。

松野、伊藤、吉本ら、メカトロ2課のメンバーの努力が実を結び、『R360』は完成した。

このマシンにインストールされたタイトルは、第2AM研究開発部、鈴木裕が手掛けた『G-LOC：AIR BATTLE』。戦闘機を操るシューティングゲームだが、実は『R360』のために開発されたタイトルではなかった。だが、その開発タイミングと『R360』とのマッチングも良く、結果的に実装されたという。

1990年10月3日　平和島の東京流通センターで開催された第28回アミューズメントマシンショーで取引先業者やメディアに向けて正式に披露された。

参加した47社から出展されたゲームは860台を超える中、『R360』は、その動きのダイナミックさと、今までにない大型筐体として注目を集めていた。なお、会場に設置された『R360』の筐体には「ポケットの中身を全部出してから搭乗してください」という注意書きが貼られており、予想のつかない胸騒ぎを感じさせるのに十分なものだった。『R360』の正式な導入販売まで1カ月を切っていた。

なお、当日のアミューズメントマシンショーには、1991年に導入された、タイトーの体感型ゲーム筐体『D3BOS』（ディースリーボス）も出展されていた。この『D3BOS』は『R36

セイフティ・シート
コックピット・シートには、セイフティバーと４点式シートベルトを採用。プレイ中のあらゆる動きからプレイヤーを確実に守ります。また、プレイヤーの手足がコックピットから飛び出すと自動的に停止するムービングセンサーや内・外部に緊急停止ボタンなど、万全の安全対策を施してあります。
SAFETY SEAT
The cockpit seat incorporates a safety bar and 4-point belt which prevents the player from possible accidents due to the cabinet's various movements. If the player puts his hand or leg outside the machine, it automatically stops due to the functioning of such infallible safety measures as the moving sensor, and inside and outside Emergency Stop buttons.

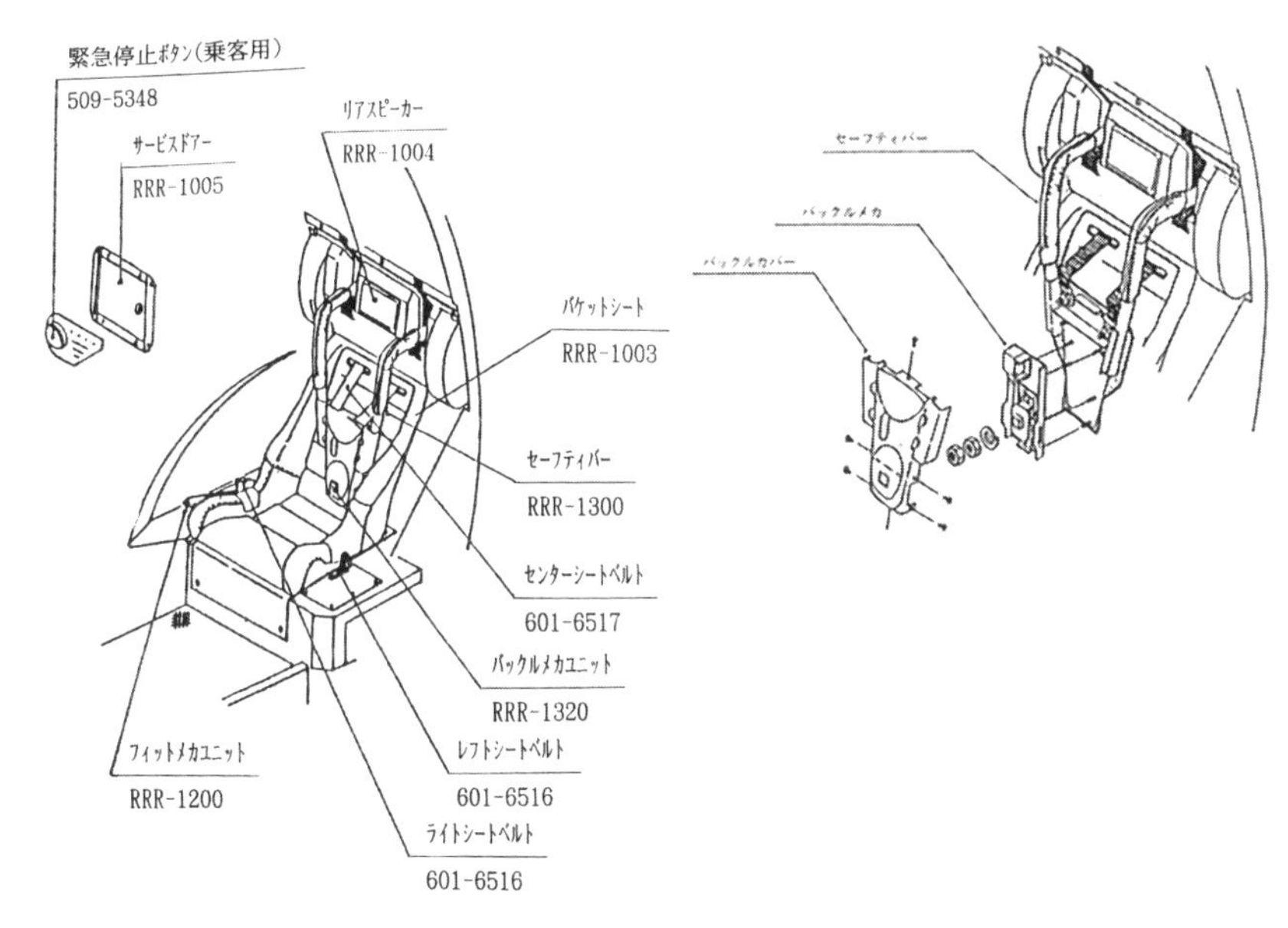

『R360』のシートやハーネスの図解（R360のマニュアルより）　資料提供：セガ

0』と同様に回転する筐体だが、『R360』がプレイヤーの操作によって稼働する一方で、こちらは用意された映像に合わせて筐体が動くもので、アトラクション的な要素が強い。それを感じさせるのは2人掛けシート設定になっていたことだ。なお、映像ソフトは4種類あった。

ロケテストからの販売開始

アミューズメントマシンショーを無事に終えると、次はロケテストが待っていた。10月も半ば、夜になると冷え込みを感じる時期に、渋谷の宮益坂にあったハイテクランド セガ渋谷で行われた。その時の様子を吉本はよく覚えている。

「実質的な『R360』のマシン・デビューとして、渋谷・宮益坂にあった渋谷東口会館のハイテクランドセガ、当時は『スペースシップ』という固有名称で親しまれたゲームセンターでロケテストが行われました。

当時のアーケードゲームは1プレイ100円。『R360』は1プレイ500円だったにもかかわらず長蛇の列ができ、整理券を配布したのを覚えています。

1日14時間フル稼働で100プレイが限界でしたが、順番待ちのお客様がほかのゲームで遊びながら待つので、店舗全体のインカムに大きく貢献してくれたんです。鈴木常務は『R360は客寄せパンダだ！』と言っていました。セガにとって、それだけ話題性と実益があったんです」

ロケテストに関して、伊藤も当時の苦労を語る。

「渋谷の『スペースシップ』……宮益坂の角を曲がったところにあった店舗に搬入するのは大仕事で、夜中にバラして納入しました。路面に対してブームを水平にして、『R360』を降ろす

『G-LOC：AIR BATTLE』の画面写真
Nintendo Switch用ソフト「SEGA AGES G-LOC AIR BATTLE」より　写真提供：セガ

のが大変でした。

メンテナンスで大変だったのは、アメリカ・カリフォルニア州、アナハイムの『ディズニーランド・リゾート』に納入したものです。修理部材が30キロあって、それを担いで持っていきました。『Ｒ３６０』に関しては完全にバブルの産物ですね。すごく面白かったし、製造コストを意識しないでよかった。１プレイ５００円がプレイヤーに受け入れられるのかどうか、ということもありましたが、モノづくりとしては面白かったです。技術的には初めてのことばかりだし、やらなくてはいけないことも多かったです。他社さんも、似たようなマシンにトライしていましたが、実現できたのは後にも先にもセガだけでした」

創造は生命（いのち）

「当時、『Ｒ３６０』は〝究極の体感機〟と評価されて嬉しくもありましたが、次に作るものがなくなったという喪失感を覚えたのも事実です。まだ入社して3年目の春でした」と吉本は回想する。

同じことは松野、伊藤も感じていたようだ。

松野によれば、『R360』のあとに続く『バーチャレーシング』も、ある種の大型筐体ものだったが、その過程こそが、本格的な3次元コンピュータ・グラフィックスに移行するものだったのではないかという。

伊藤は次のように話してくれた。

「時代の変化というのはあんまり感じなかったけど、セガの開発は時代の先を行き過ぎていたと思うことはありますね。バーチャルリアリティも、あの頃に、『VR-1』[※]を手掛けていて、もっと流行るかなと思ったけど、結果的にはそのまま保留になってしまいましたからね。

その後、セガの中でもハードウェア・オリエンテッド的な考えが若干薄れてきたということはあったと思います。やっぱりソフトが強いということです。プレイステーションなどが出てくると、ソフトが優先なのかなというところもありました。セガって、どちらかというとハードウェア・オリエンテッドな会社だったと思うんです。ないものは作る。『創造は生命(いのち)』という中山隼雄社長の社是のおかげです。

のちに、中山さんが経営から降りたことで、セガが変わった部分は大きいと思います。中山さんは、そういうところをとても大事にしましたよね。世の中にないものを作るとか、ないものを体験として作るみたいなところがありましたね」

『R360』が未来に託したものとは

『R360』が残したものは、未知の体験であり、数多くの優れた企画者や開発技術者だった。

このテクノロジーの発展の先にあったものは、グラフィックの新次元、つまり3次元コンピュ

※1994年にヘッドマウントディスプレイを使ったVRアトラクション「VR-1 スペースミッション」が横浜ジョイポリス(2001年に閉園)に導入された。

ータ・グラフィックス・ゲームの展開だった。それらの新次元ゲームでも数多くの体感ゲーム的な要素が取り入れられたことは言うまでもない。

なかでも、セガで最初に3次元コンピュータ・グラフィックスを取り入れた『バーチャレーシング』も体感ゲームだったと言っても差し支えないだろう。さらにそのあとに続く、『デイトナUSA』や『セガラリーチャンピオンシップ』も、よりリアリティを増幅した体感ゲームだった。

それらの体感システム開発を担当した伊藤が当時を振り返る。

「『バーチャレーシング』はシートが動くんです。その中には、血圧を測る機械から転用したエアバッグが入っていて、コンプレッサーで空気を送りこんで動かしていました。ハンドルは電動で、実車の感覚を再現しているんですが、今でいうところの、フォースフィードバック・ハンドルです。いわゆる、実車のハンドルのようなフィーリングを再現するための仕様です。そこには、パウダークラッチという磁性体のクラッチがあって、電気をかけると磁性体が固まってハンドルに動力を伝えるんです。電圧を変えることで、ハンドルのフィールを実車のようにする仕様です。

その後の『セガラリーチャンピオンシップ』の頃になると、もっと進化して、パナソニック製の洗濯機のモーターを採用してリアリティ感を演出しました」

このように、従来よりもリアルなグラフィックスや体感を再現できるようになったが、実際には体感ゲームというジャンルでのゲームリリースは減少傾向にあった。おそらく、次世代機と呼ばれた家庭用ゲーム機の浸透、それに伴うグラフィックのリアル化、そして『バーチャファイター』などの格闘ゲームのブームによるものと考えられるが、時代が変わりつつある過渡期に入ったのではないだろうか。

吉本は、後に管理職となり、徐々に現場を離れ、かつて上司だった鈴木久司が学生面接を行っていた仕事を請け負ったことがある。その新しい人材の採用面接で時代の変化を感じたと言う。

「ある時期までは、『セガに入って『R360』みたいなゲームを作りたい』という応募者が多かったんです。でも、時代の変化とともに『『三国志大戦』みたいなものを作りたい』という応募者が増えていきました。セガは常に最先端を意識して開発に勤しんできました。2016年に『VR元年』といわれて沸き立っている頃も、うちは1994年に『VR-1』ですでにやっているぜ……と思っていました。セガには『創造は生命』という社是があります。かつてのセガと、今のセガを単純に比較はできませんが、新しいものを作り出してほしいと思います」

松野も五感に訴えるものが、今の現実社会に欲しいという。

「『R360』を開発していた頃は、バーチャル・リアリティという言葉が使われ始めたばかりでした。今や拡張現実として知られるAR（Augmented Reality（オーギュメンテッド・リアリティ））※が全盛です。でも、これからは、視覚・聴覚だけではなく、五感をフルに刺激してくれるようなアミューズメント・マシンで現実世界を感じてほしいです。それはVRでもARでもないリアルですね。私もその一翼を担えることができればと思っています」

『R360』、それは「創造は生命」というセガの社是を具現化したエンターテインメントだった。

伝説の帰還

1990年4月に製造、導入された『R360』は、2025年に誕生から35年が経過する。その間に、ゲーム産業界も大きな成長を遂げ、セガも例に漏れず、変革の波を乗り超えてきた。

年を重ねるごとにクオリティを上げ、そのスケールを拡大し、グラフィックは35年前とは比較のしようもないくらい飛躍的に向上し、あたかも映画と見紛うばかりだ。

※現実の風景にコンピュータで情報を付加したり、合成して投影表示する技術。

２０２４年11月には、株式会社ソニー・インタラクティブエンタテインメントが、PlayStation5の上位機種として、PlayStation5Proを発売。こちらはグラフィック機能を現行機より45%アップさせたものだ。おそらく、今まで以上に世界観が拡充した大規模なゲームが、これからも多数リリースされるだろう。

一方で、２０１６年にＶＲ元年と持て囃されたバーチャル・リアリティは、すでにオーギュメンテッド・リアリティや、ミックスド・リアリティ[※]に姿を変え、新しいエンターテインメントを生み出している。このように加速度的に変化を遂げる時代に、かつての『Ｒ３６０』の衝撃はどのように映るのであろうか。

時代の移り変わりを如実に写す鏡がエンターテインメント・ジャンルの宿命だ。ただ、それらの鏡は遥か遠くにあるものではなく、手を伸ばせば届くものになったのではないだろうか。陳腐な表現だが、かつては特定の場所、特定のツールやテクノロジーを使わなければ体験できなかったものが身近なものになったということだ。『Ｒ３６０』も、現在のテクノロジーとソフトウェア、コンピュータ・グラフィックスを活用すれば、よりリアルなものができるはずだが、それは生まれてはいない。ニーズがないのか、それとも、あの時よりもさらに素晴らしい体験ができるエンターテインメントが無数に存在するからなのか……。

本章末に収録されたゲームコレクターのクレイグ・ウォーカーのインタビューでも触れているが、長年、クレイグが個人コレクションとして保有していた『Ｒ３６０』は２０２３年に、セガからのオファーによって、母国、日本に帰還を果たした。クレイグの言によればホーム・・・に帰ってきたのだ。

クレイグ・ウォーカーが保有している『Ｒ３６０』は、１９９４年に第１ＡＭ研究開発部が開発した『ウイングウォー（Wing War)』がインストールされている。だが、彼は『G-LOC：

※現実世界と仮想現実を融合させて表現する技術。「複合現実」とも表現する。

AIR BATTLE』のロムも保有しており、10分もあればゲームの変更が可能だ。

　おそらく世界には、まだ数台の『Ｒ３６０』が現存すると思われる。その中の１台がようやく日本に帰国した。ここに至る過程には、セガで『Ｒ３６０』の開発に心血を注いだ吉本昌男の忍耐強い交渉があった。また、クレイグ・ウォーカーも『Ｒ３６０』はホームに帰るべきだと考えていたようだ。

1990年代前半、スカイ・クエスト・アーケードにあった『R360』。
写真提供：Sara Zielinski

　日本国内には『Ｒ３６０』は現存せず、海外でも状況はほぼ同様だ。２００９年に急死したマイケル・ジャクソンが、ネバーランドで保有していたものがあったが、その死後、オークションにかけられ所在は不明。もしかすると、世界のどこかで、回っているのかもしれない。『Ｒ３６０』は海外に輸出されたものも多く、すべてを把握することは難しい。

　一時期、カナダ、ナイアガラの滝近くにあるスカイロン・タワー（Skylon Tower）の地下にある、スカイ・クエスト・アーケード（Sky Quest Arcade）で１９９０年代まで稼働していたことが判明したが、そのスカイ・クエスト・アーケードの『Ｒ３６０』は、１９９９年の終わりに撤去、その後は、ケベック州ラヴァルのショッピングモールにあるゲームセンターに移設された。そこで、２０００年頃まで稼働していたが、電気工事の際に損傷してしまい、修理が不可能と判断されてスクラップ処理されてしまった。

『R360』帰還への道のり

２０２０年に私が吉本昌男を取材した頃、「スペインやオランダなど、世界にはまだ『R３６０』を持っている人がいます。中でもイギリスのゲーム修理業者のクレイグさんは、稼働する筐体を所有しているんです」と語っていた。すでにクレイグ・ウォーカーに対して、『R３６０』を日本に戻す打診をしていたという。その発端は２０１９年に遡る。

ただし、吉本自身は２０２１年にセガを定年退職して独立、起業している。セガを離れてもなお、交渉を続けたのは、『R３６０』を日本に戻したいという一心だった。

交渉が本格化したのは２０２２年に入ってからで、11月頃に双方の条件がまとまり、どのような契約、輸送を行うかについて具体的な交渉が進められ、２０２３年３月５日に、吉本昌男と株式会社セガ フェイブ海外ビジネス部の石井誠司がイギリスのクレイグ・ウォーカー宅に出張し、最終的な譲渡契約締結を行った。

その際に輸送の準備にも入り、船便を使って、シンガポールを経由港として日本に出荷されることになった。

セガ・ロジスティクスサービスでのレストアが進行中

２０２３年９月４日に横浜港に到着。通関作業を経て、かつて、『R３６０』が製造されたセガ・ロジスティクスサービス（ＳＬＳ）に搬入され、同月の８日に動作確認が行われた。

この時点では大きな問題はないと思われた『R360』だったが、分解作業の後、詳細な点検が各部にわたって行われた。その中で、当時の仕様だったブラウン管モニターがうまく起動せず、最終的には液晶モニターに交換されることになった。本来であれば、当時のブラウン管の仕様のままでのレストアが理想ではあったが、画像、画面が安定しなかったため、苦渋の選択での液晶

上：譲渡契約を終えての記念写真。右から吉本昌男・クレイグ・ウォーカー・石井誠司
右下：『R360』が積み込まれたトレーラー
左下：厳重に封印されて船便に乗る
写真提供：吉本昌男

モニターに仕様を変更。しかし、それもＳＬＳによる、長年のナレッジによるレストアで、その不断の努力は賞賛されるべきものだろう。また、本体を回転させるサーボモーターも改善を施しているという。

遥か遠くの英国から、帰還した『Ｒ３６０』。レストア、整備などの完了に伴い、一般に公開するのかと思いきや、セガの広報によればその予定は現時点ではないという。しかし、今後セガの記念イベントの際に、動く『Ｒ３６０』を見ることができるのではないだろうか。

吉本は、この究極の体感ゲームを含む、過去の業務用ゲーム用筐体（セガ商品に限らず）を集めて、動態保存するミュージアムのようなものがあるといいのではないか、と構想しているという。我々の夢を乗せてぐるぐると回った『Ｒ３６０』。その雄姿を再びと思うのは、私だけではないだろう。

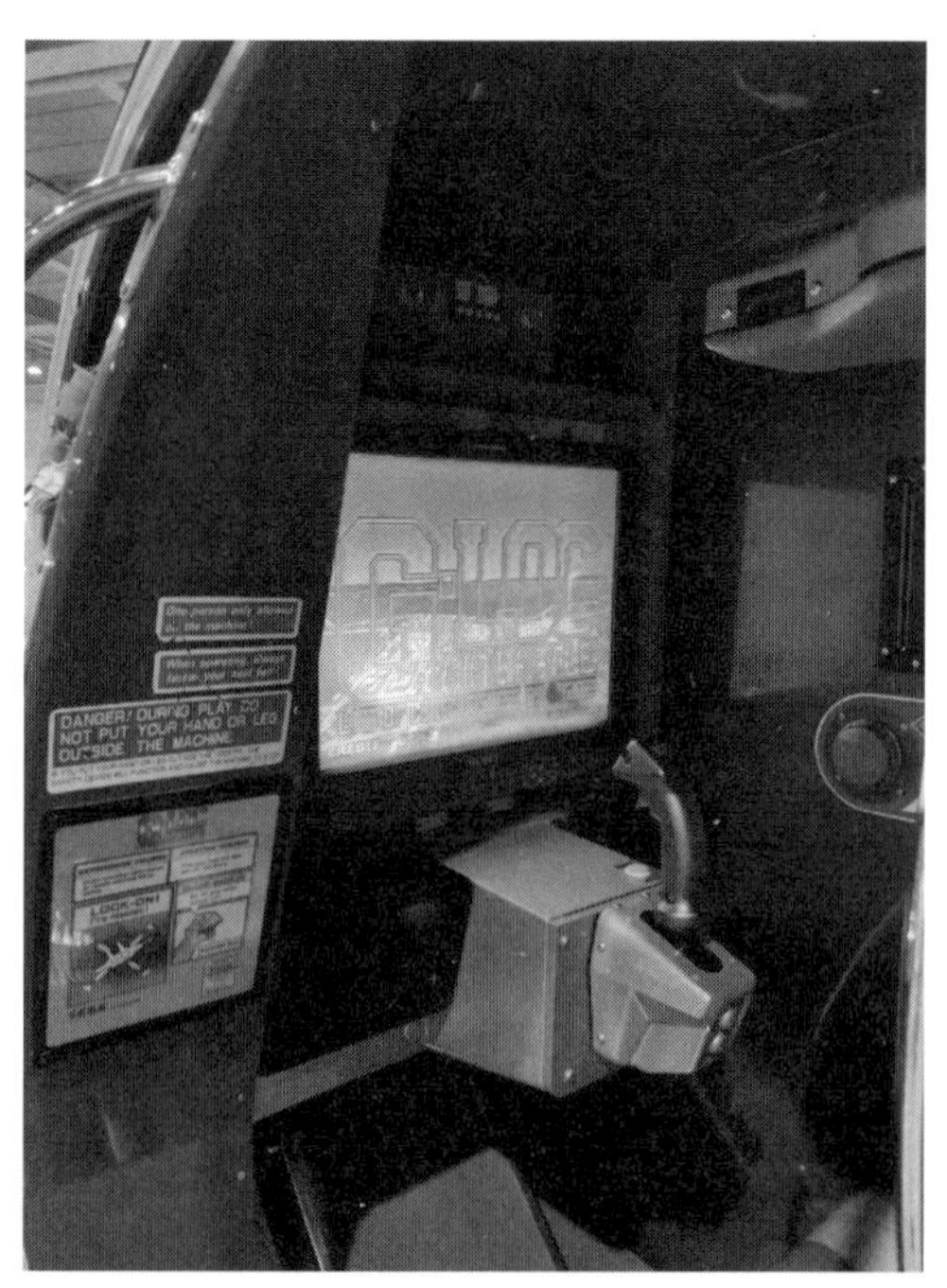

上：液晶モニターにリプレイスされた画面には「G-LOC：AIR BATTLE」が表示されていた
下2枚：SLSスタッフの手で粛々とレストア作業が行われた　写真提供：吉本昌男

Special Interview

ゲームコレクター　クレイグ・ウォーカー

Craig Walker

海を超えた『R360』

Profile　生年月日　1973年3月23日

イギリス在住

職業　ゲーム修理エンジニア／ゲームコレクター

写真撮影：クレイグ・ウォーカー

セガの開発力、技術力を結集した『R360』は、本書でも触れたように150台という限定された数量しか生産されておらず、好評を博したとはいえ、その追加生産はなかった。しかし、世界には現存し、稼働する『R360』がある。その中の1台を所有していたイギリス在住のゲームコレクター、クレイグ・ウォーカーは、個人収集家として世界でも有数のゲームコレクションを保有している。

彼のお気に入りはセガのレトロ系ゲームだ。中には、海外で披露されただけの珍しい「プロトタイプ」（試作モデル・展示会用）もある。しかし、彼が愛してやまないのは、修理トラブルを含めての『R360』の存在だという。本章では、クレイグ・ウォーカーの貴重な『R360』の入手経緯と、『R360』は生まれ故郷、ホームである日本に帰るべきという思いを語る。

――プロフィールと、お住まいの場所について教えてください。

1973年3月23日生まれ、現在は52歳です。イギリスのニューアークとリンカーンの近くに住んでいます。周りは静かな田園地帯ですが、隣の家まで0・5マイル、最寄りのお店まで車で10分、ちょっと大きな町のスーパーマーケットまでは20分くらいなので、そんなに辺鄙な場所ではありません。

イギリスの気候は、冬は涼しく、夏は暖かく、常に湿気があります。極端な暑さや寒さ、干ばつや風が激しく吹くことはめったにありませんが、最近は地球環境の変化で、徐々に状況は変わり始めています。

——現在のお仕事はなんでしょうか。

高校を出てから10年間は、父親の会社でフォークリフトを使った仕事をしていました。その後は、ＩＴエンジニアとして約３年間働きました。今の仕事は自営の製造業で、木製のアーケードマシンのキャビネット、金属製のコンピュータケース、アクリル樹脂製の看板などを作る仕事をしています。３年ほど前、新型コロナウイルスのパンデミックが世界を襲った頃に始めました。

それ以前から個人的に、アミューズメント用のビデオゲームの修理を17年ほどやっていました。主にセガのハードウェア専門で、あらゆるものを修理していました。イギリス国内には修理用のパーツがあるので、そういう仕事ができたんです。セガ・アミューズメントヨーロッパの方とも仕事をしたこともあり、技術部門とスペアパーツ部門、セットアップ部門と運用部門の人たちと交流があります。

——ビデオゲームとの出会いはいつ頃で、そのきっかけはなんだったのでしょうか。

ずっと昔からビデオゲームをプレイしていました。古い記憶を辿ると、１９８５年に『スペースハリアー』のデラックス筐体をプレイしたことが強く印象に残っています。『スペースハリアー』はセガのアーケードゲームの中でも、特にお気に入りのゲームです。

——イギリスにおけるアーケードゲーム市場や産業はどのようなものでしょうか。

イギリスのアーケードゲームは、現在はボウリング場、海辺のリゾート、一部のテーマパークなどの限られた場所のみで稼働しています。アーケードのあるショッピングセンターもあるかもしれませんが、ごく少数で、ほぼ消滅しつつあります。

一部のバーなどにレトロなゲーム機が置かれていたりもしますが、それがいつまで続くかはわかりません。一時的な流行に過ぎないと思います。

すでに家庭用ゲームマシンが、かつてのアーケードゲームマシンで提供していたものを超えてしまっているため、アーケードゲーム産業はそれらと競うことができない状況に陥っていると思います。

コレクションのアーケードゲームが並ぶ一室に佇むクレイグ・ウォーカー　写真撮影：吉本昌男

――ゲームマシンのどのようなところに魅了されたのでしょうか。

私はゲームのテクノロジーは好きなのですが、実はプレイはそれほど得意ではありません。かつてコモドール64※に夢中でしたが、ゲームをプレイするよりもデモを見るほうが好きです。

※1982年にコモドール社がリリースした家庭用の8ビット・ホームコンピュータ。

——現在のようにゲームマシンやアーケードゲームを収集するきっかけはなんでしょうか。

20年ほど前に、一緒に働いていた友人が広告で見つけたJAMMA[※]仕様のゲームキャビネットを買いにいく時に、私も一緒について行ったんです。そこでもう１つ同じキャビネットがあったので、それを購入したのがきっかけです。

私が収集したゲームマシンのほとんどはセガ製ですが、可能な限りセガの日本製造品を手に入れるようにしています。ですが、一部は海外で製造されたものもあります。

——それらのゲームマシンの中で、特に思い出に残っているものがあれば教えてください。

たくさんありますが、『ライズ・オブ・ザ・ロボッツ』、『アウトラン 2』のアップライト筐体、そして『R360』です。

——どのようなコレクションがあるのでしょうか。

珍しいコレクションとしては『ハングオン』のリミテッドエディションがあります。その他には『グラディウス』、『グラディウス Ⅲ』、『グラディウス Ⅳ』、『ゼビウス３Ｄ／Ｇ』、『ワンダーボーイ』、『忍―SHINOBI―』などのゲーム基板が40枚ほどあります。

※日本アミューズメントマシン協会。アーケードゲーム基板や筐体の規格を制定する団体。

——それらのコレクションのメンテナンスはどのように行っているのでしょうか。

だいたいは自分でやります。コレクター同士の間で修理し合ったり、解決をすることもありますね。

——それらの中で修理が大変だったゲームマシンがあれば教えてください。

ダントツで『R360』です。セガは製品の映像部と稼働部の回路図面などの情報を公開していません。そのため、自分で考えてやるしかないのです。

——イギリスのゲーム機の販売に関して教えてください。

イギリスでは、ビデオゲームだけを扱う業者は少数で、徐々に減っています。私がその業者の最後の1人だと思いますが、私は機械を扱うよりも修理に力を入れていました。修理できない機械を購入したこともありましたが、それに費やす時間を見つけるのが大変でした。

クレイグ・ウォーカー所有のアーケードゲーム筐体一覧

メーカー	国	タイトル	メーカー	国	タイトル
セガ	日本	アウトラン 2SP - ツイン	セガ／グレムリン	USA	タック／スキャン
	UK	アウトラン 2 アップライト（コンセプトマシン）		USA	エリミネーター
	日本	スペースハリアー DLX		USA	ゼクター
	日本	アウトラン DLX		USA	スタートラック（キャプテンズ チェア）
	日本	ハングオン リミテッド エディション ※写真参照		IRL	エンデューロ レーサー
	日本	ギャラクシーフォース DLX	セガ／バリーミッドウェイ	USA	アストロンベルト
	日本	スーパーモナコ GP DLX		USA	ギャラクシーレンジャー
	日本	スーパー モナコGP	セガ／シミュライン	日本	F-ZERO サイクラフト
	日本	バーチャレーシング ツイン	アタリ	IRL	スーパースプリント
	日本	スター・ウォーズ トリロジー・アーケード		IRL	ディグダグ
	日本	デイトナ USA SDLX （4人対戦型）		IRL	ペーパーボーイ
	日本	スター・ウォーズ：バトルポッド		IRL	スター・ウォーズ：ジェダイの帰還 ― デス・スター・バトル
	日本	カーニバル		IRL	ピーター パックラット
	日本	チョップリフター テーブル筐体		IRL	マーブルマッドネス
	日本	チョップリフター		IRL	トゥービン
	日本	ヘビー ウェイト チャンプ （1988）		IRL	クリスタル キャッスルズ
	日本	サブロック3D		IRL	ブラック・ウィドウ リチャージド
	日本	シューティング マスター		USA	スター・ウォーズ
	USA	ホットロッド 4 プレイヤー		USA	メジャーハボック
	USA	ザクソン		USA	アイ ロボット
	USA	ホログラム・タイム トラベラー		USA	ファイヤーフォックス
	UK	ライン オブ ファイア		USA	テンペスト
	UK	スーパーモンキーボール		USA	アステロイド デラックス
	UK	カルテット		USA	ミサイル コマンド
アルカ／セガ	UK	バック ロジャース		USA	ロードランナー
セガ／グレムリン	USA	フロッガー	ナムコ	IRL	パックマニア（アイルランド）
	USA	アストロブラスター	ナムコ／ブルトリーニ	ITA	ギャラクシアン
	USA	スペースフューリー	任天堂	USA	ドンキーコング

※DLX … デラックス、SDLX … スーパーデラックス、IRL … アイルランド

――好きなゲームメーカーはありますか。

セガが大好きです。セガはビデオゲームのキングですからね。

――あなたのゲームマシン・コレクションの中でもセガの『R360』は素晴らしいクオリティだと思いますが、どのように入手したのか、その時のエピソードを詳しく教えてください。

とあるイギリスのショッピングセンターにあった『R360』が故障してしまい、セガでも修理できないとのことだったので、それを買い取りました。イギリスで最後の『R360』だったので、それを保存できたのは幸運でした。

――『R360』のメンテナンスで大変な部分があれば教えてください。

球体の部分を回転するための動力源であるサーボモーター、映像出力用のケーブル、本体への電力供給用のモーターなどのパーツは古く、めったに流通していません。過去に、eBayで検索したところ、10年の間に1個、2個くらいは見つかりましたが、他にはほぼありませんでした。

青い筐体の『ハングオン』リミテッド・エディションは、1991年に欧州限定で販売されたもの。ゲームソフトは『スーパーハングオン』を『ハングオン』の体感筐体にインストールしたもので、タイム設定やコースなどにも違いがある
写真提供：クレイグ・ウォーカー

リミテッドエディション『ハングオン』の欧州限定ブローシャ
写真提供：セガ

――今回、セガにあなたの『R360』を譲渡した経緯を教えてください。

この『R360』を入手して、長年にわたり調子の悪い箇所を修理してきました。それによって見栄えはよくなりましたが、誰かに譲渡することは考えたことがありませんでした。しかし、ある日突然、自分が保管していることが適切なのか、と考えました。

私はここ数年、吉本さんと継続して話をしてきましたが、彼が、今のセガのコレクションに『R360』がないと言っていたことは知っていました。吉本さんがセガを退職したと聞いて、改めて、吉本さんに、セガがこの『R360』に興味を持つと思うかどうかを尋ねました。それから『R360』を日本へ戻すプロジェクトが始まったのです。

――あなたの保有していた『R360』が日本に帰還することについて、思うことはありますか。

私にとって理想的なことです。他にも買い手がいて、もっと高く売ることもできたと思いますが、この『R360』が故郷である日本のセガできちんと修理され、メンテナンスをされることを望みます。私はこのマシンを大切に思っているので、ホーム（家）に帰ってほしかったのです。

――あなた自身が感じる今のゲームと過去のゲームの違いはなんだと思いますか。

最近のゲームはグラフィックに重点が置かれ、映画のようになってきていると思います。それは良いことですが、想像力も少し失われていると思います。

――あなたが過去のゲームマシンに興味を惹かれるのはなぜでしょうか。

なぜなら、よく壊れるからです。私は物を直すのが好きなんです。でも、しばらくするとちょっと面倒になってきますけどね（笑）。

STAGE 7

カリスマ経営者　中山隼雄の肖像

ビフォー・アフター・中山隼雄

さて、ここまで紙幅を尽くして、1985年から1990年にかけてセガが開発してきた「体感ゲーム」にまつわるストーリーと、それらに携わった開発者たちを紹介してきた。そこには技術者の開発に対する想い、手腕、英知が込められていることは明白である。しかし、その背景には、当時の経営者である中山隼雄の慧眼と辣腕が必要不可欠であったと言っていいだろう。

ここまで読み進めていただいた読者はすでにお気づきのことと思うが、セガの歴史は中山隼雄が経営に参画前と参画後、さらに極論すれば退任後と分けることができる。

中山隼雄が経営に参画する前のセガは、外資系ならではのメリットを活かし、アメリカ軍駐留施設に依存したビジネスを展開、主に日本各地に点在するアメリカ軍駐留施設にあるピンボール・マシン、ジュークボックスなどの販売、リース、修理などを手掛けていた。そして、徐々に日本国内での業務用ゲーム製造に乗り出すが、それらが本格化するのはセガがエスコ貿易を買収し、中山隼雄がセガの副社長に着任したのちに下した英断と成長戦略があったからに違いない。

中山隼雄着任以前、セガ＝デビッド・ローゼン社長体制時代を山田順久が振り返る。

「1970年代中盤のセガはデビッド・ローゼンさんが社長で、株主がガルフ・アンド・ウェスタン、つまり外資でした。ローゼンさんが日本にあまりいないので、日本人の社長が必要だと思ったんでしょう。日本国内のマーケティングや流通を、誰かに任せたい、強化したいということです。そこで、小形（武徳）取締役からの推薦もあり、中山隼雄さんがローゼンさんからヘッドハントされ、副社長としてセガに入ったんです。

中山さんが入社するにあたっては、エスコ貿易を買収・子会社化して、最終的には吸収したと

セガ本社ビル（当時）。中山は在任中に旧本社（2号館）と新本社の２棟を落成した　写真撮影：筆者

記憶しています。その後の詳しい背景はわかりませんが、ガルフ・アンド・ウェスタンが、バリー（Bally Manufacturing Corporation）にセガを売ろうとしたんです。その頃はバリー傘下のミッドウェイ（Bally-Midway）のビデオゲームが力をつけていたので、セガを買収して、合体させて強化しようという思惑があったのではないでしょうか」

なお、当時のことを他の資料などから補足すると、中山がセガの副社長に就任する直前、まだエスコ貿易の代表取締役社長として活躍をしていたとき、実はバリーからエスコ貿易の買収提案を受けていた。その買収額は5億円超とされ、セガからの買収オファーより、はるかに好条件だった。

しかし、バリー傘下では、同社製ゲームの国内販売業務がメインになることは明らかだった。一方、セガは開発部門があったので、将来性を感じたのはセガであったという。中山は、当時、親交のあった株式会社シグマの代表取締役社長、真鍋勝紀（まなべかつき）にも意見を聞いたところ「中山さん、セガのほうがいいよ。バリーは日本に地盤がないからね」（大下英治 著「セガ・ゲームの王国」（講談社）より）と言ったことが決め手になったそうだ。

中山はセガ副社長着任直後から、今後はデジタル、ビデオゲームの時代が来るとして、新機軸のゲーム開発、そのための若い人材を多く採用する方針を打ち出した。その使命を受けたのが、取締役であり、開発責任者の鈴木久司であった。鈴木は中山の命を受けて、部下を各地に派遣し、優秀な新卒学生の情報収集を行った。これらの活動は如実に効果があったと思われる。

本書執筆のために取材を受けてくれた吉本昌男は、自身が所属する大学の研究室にセガから打診があったと語り、石井洋児はセガで働いていた高校、大学の先輩から直接スカウトが来たと話してくれた。

鈴木は、実際に採用した新人社員の顔と名前はすべて記憶していたという。この頃のセガと鈴木久司の印象を吉本昌男はよく覚えている。

「自分が入社した１９８７年の新卒社員は１３０人もいたんです。その頃のセガは全社員を集めても１３００人だったので、10人に１人は新人です。当時は社内で、『石を投げたら新人に当たる』と言われました。１３０人のうちの70人が開発部員でしたから、当時のセガが、いかに開発力の増強に力を入れていたかがわかります。

印象に残っているのは、鈴木久司常務が、開発部の新人70人の顔と名前を全部覚えていたことです。内定式だったか、入社式だったかは忘れましたが、『君は近畿大学の吉本くんだよね』と話しかけられたんです。おそらく70人全員を丸暗記したんでしょう。

後になって聞いた話ですが、鈴木さんは中山隼雄社長から『いい人材を採るために、朝から晩まで面接しろ。ほかの仕事はしなくていい、開発者の面接だけをしろ』と言われていたらしいんです。そういう指示を出せるのが中山さんのすごいところだと思います。実際、鈴木さんはその頃の5～6年は、面接がメインの仕事だったとおっしゃっていました。企業にとって、人材は重要ですから」

謙虚と底知れぬ胆力が交錯する名経営者

筆者もセガ在職時に中山隼雄に薫陶を受けたことは枚挙にいとまがない。それらは後述するが、山田順久は中山を謙虚な経営者だと感じたという。

中山は「僕はセガでここまで成功したけど、それはアミューズメント産業を選んだからだ。ほかの業種に比べてアミューズメント産業は、あの時代に大きく伸びた産業だったからね。その波に乗っていたからであって、他の斜陽産業だったら、このようにはいかなかったと思う」と語った。

これを聞いた山田は、ある意味で謙虚な経営者だなと思ったという。同時に、その時代背景を山田はこう語る。

「あの頃は、クルマ業界なんて縦割りで、横のつながりはなかったですからね。今でこそ色々と横との連携のようなものはありますが、当時は各社とも犬猿の仲でしたしね。

一方で、アミューズメント産業は呉越同舟みたいなこともありましたし、各社の社長同士の付き合いもあった。もちろん、それぞれがライバルではあるけれども、みんなが同じところに向かっているみたいなところはありましたね。中山隼雄さんは、その中でやっぱり特筆すべき人だと思います。

徐々に中山さんが実力をつけてきた頃に、先ほどのバリーへのセガの身売り話が出てきて、中

中山隼雄　写真提供：中山隼雄科学技術文化財団

山さんはそれを聞いて、セガが海外のものになるのは良くないと思ったんでしょう。株式会社CSKの大川（功）さんの奥さんと中山さんの奥さんはどちらも犬好きで、愛犬家どうしの繋がりがあったらしく、当初は奥さん経由で、大川さんにその状況が伝わって、結果的には大川さんからCSKとして70億円を出資してもらい、中山さんがセガの株式を担保に個人で30億円を借り入れて、ガルフ・アンド・ウェスタンから株式を買い戻したと聞いています。

そこからはセガは外資系ではなく、日本の会社であるCSKの傘下になりました。中山さんは、セガ買収の大勝負に出たわけですよ。セガがダメになったら、中山さんも共倒れだったわけですからね。それを乗り切った胆力はすごいと思います。CSKの大川さんも、当時はＢ ｔｏ Ｂの仕事がメインで、コンシューマ市場に転向したかったから、この件は、双方にとってメリットがあったと思います」

吉本昌男は、中山とセガの株式について、印象深い思い出があると言う。

「会社の責任の一端を担えという意味でしょうけれど、中山さんは社員に向けて『自社株を買え！』と言っていたのを覚えています。当時でも４００万円くらいは必要でしたから、そんなもの買えないよと思いましたが、いま考えると買っときゃ良かったですね」

山崎徳明によれば、中山が社長になったことで、人事制度が従来の減点主義から加点主義に転換したという。

「あの頃は、仕事内容が面白かったですし、忙しくはありましたが、辛くはなかったですね。ゲームの企画や開発における研究プロジェクトも、自然発生的に始まって『こんなのどうでしょう』『こんなの作りました』というものが日常にあふれていて、そこを起点に開発が始まることも多く、後先をあまり考えずにやっていました」

それから時代が移り変わり、ポジションの偉い方々が会議にゾロゾロと出てきて、喧々諤々や

麻生宏　写真撮影：筆者

ったものの、結局はボツになってしまうようなことが多くなっていったという。

「セガがそうだったとは言いませんが、会社が大きくなって、経営企画室なんて部署ができて、実際に現場をやったことのない連中が口を出し始めるとダメですね」

当時は役職がどうこうではなく、やりたいもの、作りたいものを考えた者が率先してプロジェクトを進めることが多かったという。

セガで数多くのゲーム開発を手掛けた麻生宏は「あの頃はゲーム開発をほとんどやったことがなくても、いきなりメインでやってみろと言われる時代だった。今はそうはいかない」と語る。おそらく当時は、新しい人材のスキルやポテンシャルを測る意味で、すぐに実戦に投入していたのかもしれない。そして、それらの人材の中から素晴らしい作品が数多く生み出されたのだ。

開発費を削ってはならない

かつて、筆者がセガ開発の責任者だった鈴木久司に取材を行った際に、『バーチャレーシング』を開発するため、当時、最先端のCG制作用ワークステーションと謳われたシリコングラフィックス社の「IRIS」購入費として1億円の稟議書を中山に上申した話を聞いたことがある。中山は即座に「そんなもん買えるか、バカヤロー!」と一蹴したが、鈴木が諦めずに再度、必要性を上申すると、2回目で「わかった」と承認印を押してくれたという。

鈴木裕は開発予算に関しては潤沢ではなかったと言う。

「『バーチャファイター』の開発は、トータル15人で開発したと思います。あの頃は開発から発売導入までが約1年かかっていましたから、仮に1人当たりの人件費を年間1000万円と想定すると、15人で1・5億円。それで業務用ゲームで稼いで、家庭用ゲームで販売して、その後、PCソフトやライセンス・グッズなどを販売しているわけですから、かなりセガの売上に貢献していると思います。

『アウトラン』や『アフターバーナー』でも、業務用ゲームだけで売上が100億円くらいの規模だったわけで、それを生み出すゲームを1・5億円くらいで開発していたんですから、もっと開発陣にお金を使ってもよかったと思うんです」

と、鈴木は言うものの、ある程度の開発予算のバッファはあったと、山田は回想する。

「鈴木久司さんは、例えば開発費が50億だったら、別で5億ぐらいは隠し予算で持っておいて、自由にやらせてくれました。

あの頃は、その予算を使って隠し開発、隠れ開発みたいなものをやっていて、もちろん、その

中山隼雄が1985年に落成した旧本社（2号館ビル）。『ハングオン』のヒットにより新築したため「ハングオン・ビル」とも呼ばれた
写真撮影：筆者

ままダメになるものもあるけれども、その中の何本かはすごいのが出てくる。やはり、管理、管理と厳しくしすぎると、いいものは出てこないですね。あの頃は、経営が上手くいっていて、お金が儲かっていたというのもあったんでしょうけどね。

あと、重要なことを入交昭一郎※さんが言っていました。会社は開発費を削れば、相当な利益が出る。でも日産のように、開発費を削って目先の利益を捻出するような経営をしてしまうと、10年後にちゃんとした商品が出せなくなる、と。入交さんは、日産の元社長のカルロス・ゴーンと親交があったから、余計にその言葉に真実味を感じました」

中山隼雄を乗せた『R360』

セガの大型筐体、体感ゲーム開発時代を支えた中山隼雄は業務用ゲームのみならず、当時の潤沢なキャッシュを基に外部への投資も積極的に行った。株式会社トムス・エンタテインメント（旧社名：株式会社キョクイチを存続会社として、東京ムービー新社の吸収合併）の買収などがそれにあたる。

筆者がセガに在籍していた1994年のある日、早朝に開催される開発進捗会議で中山が言っていたことがある。

それは、1事業部ごとに最低でも年間100億円の売り上げがないと、事業部として認めないというものだ。おそらく今の価値で換算すれば、1事業部当たり年間500億円ほどの売り上げをマストとしていただろう。それだけ、厳しい尺度を持って経営にあたっていたと思われる。

しかし、1990年代後半になると、セガサターンが次世代ゲーム機戦争から脱落。任天堂の

※1940年生まれ、本田技研工業株式会社にて副社長、株式会社ホンダレーシング初代社長を経て、1993年にセガ副社長に就任。1998年には社長に昇格し、NVIDIA（エヌビディア）との協業や、ドリームキャストの導入などに尽力したが、2000年に退任。

NINTENDO64と、ソニー・コンピュータエンタテインメント（現在のソニー・インタラクティブエンタテインメント）のプレイステーションの二巨頭による一騎打ちとなり、セガは苦戦を強いられる。また、頼みの綱の業務用ゲーム市場でも競争が激化、収益が低迷する。

１９９８年になると減収減益決算となり、マイナス約４３０億円を計上。この業績不振を問題視したのが、かつて中山とともに、外資バリーからの買収を避けるために一緒に戦った株式会社ＣＳＫの大川功だった。大川は大株主として、中山隼雄に代表取締役社長を退任するように要請し、後任には副社長だったホンダ出身の入交昭一郎を据えた。

中山が代表取締役社長を降りたあと、１９９８年に、セガ最後の家庭用ゲーム機「ドリームキャスト」が導入されたが、その結果は惨敗。２０００年３月期にマイナス約４００億円、２００１年３月期にマイナス約５２０億円を計上し、セガの事業存続が危ぶまれるほどの決算となった。最終的には、大川功が私費を投じて救済することで現在のセガに至るのだが、それらを俯瞰すると、人の歴史と会社の歴史が見える。時代とともに変化し、変化を受け入れるのが歴史であり、関わった人々の人生、歴史の集合体が会社組織ではないだろうか。

次頁に掲載したのは、セガの社歌「若い力」である。

歌詞にあるように、セガの開発は創造と言い換えていい。それは「明日の創造」、「未来の創造」、「世界の創造」へと昇華する。それを支えるのはセガの若い力である、と……。

この社歌は１９９１年に発表された。１９９０年導入の『Ｒ３６０』のヒットと、１９９２年導入の『バーチャレーシング』の間の時期に生み出された歌詞には、当時のセガの勢いと、若い開発技術者たちの夢が詰まっている。

本章の最期に開発途中の『Ｒ３６０』を体験しに来た中山隼雄のエピソードを伊藤太が語ってくれた。

若い力　社歌

作詞：高橋栄一（セガ社員）　作曲：若草恵

知的創造　あふれる　英知
共に築こう　豊かな文化
夢と希望は　大空高く
社会に貢献　我らが使命
明日の創造　生命（いのち）にかえる
セガ　セガ　セガ　若い力

先進技術　絶ゆまぬ　努力
共に目指そう　新たな流れ
夢と希望は　海原広く
時代の先取り　我らが挑戦
未来の創造　生命（いのち）にかえる
セガ　セガ　セガ　若い力

人社一体　みなぎる闘志
共に進もう　絆も固く
夢と希望は　永遠（とわ）に尽きない
目標追求　我らが誓い
世界の創造　生命（いのち）にかえる
セガ　セガ　セガ　若い力

'88年を
振り返って

代表取締役社長
中山 隼雄

3つの挑戦 3つの確立

Sega Harmony 85

もくじ

1988年のセガの社内報「Harmony」 資料提供：吉本昌男

「ある時、誰かが中山隼雄社長を連れてきて、『R360』に乗せたことがあるんですよ。その時はフリーモードという、自由に回転するモードにしたんです。周りからは『オイ、大丈夫か……』みたいな声もあったんですけど、中山さんは気にせずに乗り込んだんです。

まあ、中山さんをよく知っている人ならば、中山さんが360度回転したらどうなるかなんてわかっていたんですけど、案の定、『やめてくれぇー！』みたいな状態になって、鈴木久司常務は横で笑っていました。そんな体験をしたあとでも、中山さんは『R360』について否定的なことは言わなかったですね」

STAGE 8

セガの最先端CG技術を支えたNVIDIA——幻の億万長者（ミリオネア）

ゼネラルエレクトリックとの業務提携

ビデオゲームの在り方を一変させた技術が３次元コンピュータ・グラフィックスであることに異論を唱える者は少ないだろう。もちろん、それ以前のドット絵が各々のプレイヤーのイマジネーションに訴えるものであったことも事実だが、３次元コンピュータ・グラフィックスがビデオゲームのグラフィックを根底から覆し、ダイナミックで美麗な世界観を表現することによって、ビデオゲームの新しい次元の扉は開かれたのだ。

ここで再び、セガのハードウェア研究開発のトップとして陣頭指揮を執った佐藤秀樹に語ってもらおう。

「80年代後半の３次元コンピュータ・グラフィックスは、まだフラットシェーディング[※1]の時代で、それがのちの『バーチャレーシング』や『バーチャファイター』に技術として使われていくことになります。その技術、いわばMODEL1（モデル１）基板が一般的に高く評価されて、セガとしては「バーチャ」をシリーズ化するのです。

その背景には、ＣＳＫ総合研究所の矢田光治（やだこうじ）さんという方がいました。矢田さんは産総研（正式名称：国立研究開発法人産業技術総合研究所）を経てＣＳＫ総合研究所の所長になった人で、私が矢田さんと懇意だったこともあり、コンピュータ・グラフィックスのジャンルで先進的な存在だったＧＥ（ゼネラルエレクトリック）を紹介してくれたんです。そこから、実際に何度もＧＥと打ち合わせを重ねて正式な提携契約を結び、テクスチャー・マッピング[※2]技術などを交換しました。

ＧＥの技術は軍事用のシミュレーターを手掛けていたので、セガで開発していたゲームよりも

※1 均一（フラット）の輝度でオブジェクトを描写する技法。
※2 コンピュータ・グラフィックスのモデル表面に画像（テクスチャー）を貼りつける技法。

ずっと先のことをやっていたわけです。セガはまだフラットシェーディングの時代で、次のレベルのテクスチャー・マッピングに移行する時期です。そこでGEと一緒に組んで共同開発したのがMODEL2（モデル2）基板でした。それが次のMODEL3（モデル3）基板へと繋がっていくわけです。一緒に組んでみて、やはりGEの技術はすごかったです。その後、GEはマーチン・マリエッタ（Martin Marietta）[※]に買収されてしまいました」

MODEL2 基板

MODEL3 基板

※1961年にマーティンとアメリカン・マリエッタが合併してできあがった航空機メーカー。1995年にはロッキードと合併しロッキード・マーティンとなり、航空機や軍需企業としてステルス戦闘機も開発している。

CPUの変化にNOと言わない鈴木裕

「その後、『ドリームキャスト』を導入したときに、マーチン・マリエッタに訴訟を起こされましてね……。彼らの主張によれば、『ドリームキャスト』にMODEL2、MODEL3の技術が転用されているとのことで販売差し止めの要請をしてきたのです。実際には全然使ってないんですよ。最終的には、それらの技術を使っていないことが証明されて、マーチン・マリエッタと和解をしました。

セガ社内で、3次元コンピュータ・グラフィックス導入の初期に、その可能性に対して真剣に取り組んだのは鈴木裕君だけでした。

彼が得意とするのはシミュレーションゲームなのです。のちに、『シエンムー』を開発して自分で脚本にも挑戦しましたが、彼はあくまでも『ハングオン』、『スペースハリアー』、『アフターバーナー』、『バーチャレーシング』などのシミュレーション系が得意な人。『バーチャファイター』のような格闘ゲームもシミュレーションの1つなのです。

『ハングオン』開発の頃は、基本的なスプライト技術を使っていましたが、それではエンタメ的な要素が足りないということで、カスタムIC（ロム）を足し、拡張しながら何機種かのゲームを開発していきました。その先は、やはり3次元コンピュータ・グラフィックスだよね、ということで、鈴木裕君が開発したのが『バーチャレーシング』です。

3次元コンピュータ・グラフィックスになると演算量がすごいから、セガだけの技術で基板を開発するのは難しい。その当時、富士通が高度な演算技術を持っているということで、一緒に開発しましょうということになりました。

あの頃のセガのアーケードゲーム開発は富士通とガッチリ組んでやっていて、家庭用はＮＥＣと組んで開発をしていました。音源関係の開発はヤマハさんと一緒にやっていました。それと日立とはマイコン絡みで一緒にやっていたという関係です。それから徐々に座組みが変わっていって、最終的に『ドリームキャスト』にはすべてのメーカーのチップが入っている状態でした。

とにかく、膨大な演算処理を行わないといけなくて、マイコンで処理できるレベルじゃなくなってきた。そこで、ＤＳＰ（デジタルシグナルプロセッサー）技術は、日本国内でいえばやっぱり富士通さんの技術力が高いということで、富士通の全面的な協力のもと開発をしていました。

最初のＣＰＵはモトローラのMC 68000だったのですが、その後は、ＮＥＣのＶ60、それからPOWER-PC、そのあとはインテルなど、時代とともに変わっていくのですが、鈴木裕君はそれらを使うことを嫌がらないんです。理由は、そのほうが性能がいいからなのですが、一般的にプログラマーは開発に慣れたＰＣ環境を変えることをすごく嫌がるんです。でも、鈴木裕君は『より良い性能が出るんだったら、そっちがいい』と言うわけです。

普通だったら、ＣＰＵが変わることで開発環境はゼロから変わるし、ソフトの作り方が変わってしまう。みんな面倒くさいので嫌がるんです」

セガ・オリジナルチップの開発

「当時は、自分がいいと思うＣＰＵを採用していきました。16ビットも当初はIntel 80286でやろうとしたのですが、それを使いこなせる開発者があまりいなかったと思います。セガ社内にもいろいろな意見があり、抵抗勢力もいたりして……。

さっきも話した通り、世の中はどんどん変わっていくから、Intel 80286よりMC 68000、しばらくすると、もっと性能のいいＮＥＣのＶ60と。Ｖ60は、ＲＩＳＣ（reduced instruction set computer）なので処理が速いということになって、じゃあこれで行こうと。とにかくＣＰＵの設定は私の独断でした」

かつてセガに所属し、現在は佐藤と共にアドバンスクリエートで働く、梶敏之（かじとしゆき）も当時の鈴木裕とのやり取りをこう述懐する。

「こちらで用意したＣＰＵを鈴木裕さんに見せて、『どう？　これはいいかな……』という交渉をやっていました。でも、メーカーはできたばかりのＣＰＵを持ってくるからバグがあるんですよ。結果的には私たちでＣＰＵのバグ出しもやっていましたね。裕さんは最先端のものに関しては抵抗がないんです。

日立のＳＨ（SuperH）シリーズは、まだほとんど情報も出ていない、影も形もない頃に日立からプレゼンテーションを受けていました。アメリカからはMC 68000の次にMC 68020をやりたいと言ってきたんですが、何も面白くないなと思って、リスクはあるかもしれないけど、日立のＳＨに切り替えたんです。

あとメモリー関係もシンクロナスD-RAMという、SD RAMで一時期RAMBUSと対抗していたコンセプトのものをＮＥＣが持ってきて、結果としてこれはいいね、ということで、その提案に乗ったわけです。そうすると、セガが使用するSD RAM量は半端じゃないから一気に世間に広まって、さらに高速になって、RAMBUSが不要になっていったんです」

佐藤が語る「プレイステーションの父」——久夛良木健の予言

「あの頃、ソニー・コンピュータエンタテインメント（現在のソニー・インタラクティブエンタテインメント）の久夛良木健さんがよく言っていたのは、『最新のゲーム機はテクノロジー・ドライバーで、テクノロジーを牽引するものだ』と。私もそう思いますが、同時にゲーム会社とそこで働くゲーム開発者も、その時代の最新のテクノロジーを引っ張って行くもの、テクノロジー・ドライバーだと思っています。

ある時期まで、セガでも独自にPCチップ開発をしていたんです。おそらく時期的にはマーチン・マリエッタと共同でコンピュータ・グラフィックス向けの基板開発をやっていた頃だと思いますが、徐々に時代が変わって、NVIDIA（エヌビディア）からすごいグラフィック用のチップが出てきたあたりで、もうこれはかなわないということになったんです。

セガが独自にチップ開発をしても、そこに割ける人員はせいぜい10～20人ですが、NVIDIAは全世界規模で数百人が関わってチップ開発を行っているわけですから勝てるはずがない。スケールが違うし、開発速度が違うから、セガ独自のチップ開発でNVIDIAに対抗しようというのが無理でしたね。

また、それ以前は、ゲームを動かすために専用ハードを作らないと、ゲームが作れない時代だったんです。セガでは体感ゲームの『ハングオン』から始まって、後に『バーチャファイター』を作っていた頃までは、PCベースでゲームが作れない時代でした。

ところがPCの性能がガーンと上がってきたので、PCでできるじゃないか……となる。そうするとゲームはハードを作ることがメインじゃなくなり、買ってきたPCでいいじゃないかとい

久夛良木健。1950年生まれ ソニー株式会社にてプレイステーションビジネスを立ち上げる。ソニー・コンピュータエンタテインメント代表取締役社長、代表取締役会長を歴任。現在はサイバーアイ・エンタテインメント株式会社代表取締役社長他。写真は「黒川塾10」、2013年6月27日開催より　写真提供：CNET Japan

う発想になるんですよ」

セガが独自にチップ開発を行ったものの、もはやNVIDIAに対して勝ち目はないと悟ったという証言を補足するには、セガとNVIDIAとの古くて深い、歴史的な関係を紐解くしかないだろう。それを一番よく知っているのは佐藤秀樹である。

「NVIDIAの社員が20～30人くらいだった頃に、NV3というCPUをセガと共同開発したことがあったんです。NV3のアーキテクチャというのは非常に面白くて、3次元コンピュータ・グラフィックスというのは一般的には三角形、または四角形で作成するのですが、ジェンスン・フアン（NVIDIA創業者）が持ってきたアーキテクチャは最初から丸で作るというものでした。そうすると、レーシングゲームのタイヤなんかを作るのが非常に楽なので、この技術で次の家庭用ゲーム機を作ろうとしたんです。セガと日立と、当時まだ数十名のNVIDIAとが一緒に開発していたのですが、ところが、それが一向にできあがってこなかったんです。今となっては、どっちが悪かったのかわかりませんが……。

対応を迫られたジェンスンは非常にスマートで、セガが作っているゲームに必要な要素は何なのかということを調べて、丸いアーキテクチャを作るという当初の指針から、従来型のオーソドックスな三角形（ポリゴン）に変更して、そのポリゴンの能力をとにかく上げていこうということに方向転換したんです。NV3を積んだグラフィックス・カードは、それなりに売れたんですけど、メジャーになり切らなかった。それでジェンスンは舵を切って、トラディショナルな三角形ベースのポリゴン生成で、量が出ますとか、処理が速いとか、そちらの方にガッと絞り込んで、要はゲームで使えるレベルまで持っていってしまったんです。

昔は産業用のコンピュータ・グラフィックスというのがあったけど、ゲームに使えるまでの能力だったり、価格が合わなくて具現化できてなかったんですが、ジェンスン率いるNVIDIAは、その能力も、コストパフォーマンスも高くするということを実現したんです」

セガからNVIDIAへの株式出資

本書を手に取った方であれば、世界の半導体市場をリードする企業であるNVIDIAの名前を聞いたことがあるに違いない。1993年創業のNVIDIAは、アメリカ・カリフォルニア州サンタクララ市に本社を置く半導体企業。現在、自動運転用などに使用するAI（人工知能）半導体を製造する企業として有名で、2024年6月にはマイクロソフトを抜いて時価総額世界1位をマークした。一般にはGPU（グラフィック・プロセッサー・ユニット）の設計に長じており、パーソナルコンピュータに搭載されるGeForceシリーズなどが有名である。

しかし、NVIDIAの歴史は必ずしも順風満帆であったわけではない。ここでは90年代のセガの体感ゲーム、業務用ゲーム、3次元コンピュータ・グラフィックス・ゲームを支えたものの、苦境に瀕していたNVIDIAの実態を当事者である佐藤の取材から明らかにしてみたい。

なお、NVIDIAは1999年にナスダック市場に株式上場を果たす。それを踏まえてお読みいただきたい。

「1995年の第1四半期（※4～6月）頃だったと思いますが、NVIDIAがセガのためにNV3の研究開発をするには、800万ドルくらいの資金が必要でした。当時はホンダ出身の入交昭一郎さんが副社長で、800万ドルという金額は大きな金額ではないと判断して出資してもいいんじゃないかということになったんです。ただ、私としてはそんなにお金を出したところで、どうなるかわからないという風に思っていたんです。

その稟議書を当時の社長、中山隼雄さんのところへ持っていったら『８００万ドルも、どうするんだ！ 馬鹿野郎！』という罵声を浴びせられて、さんざん怒られたんですよ。でも、ジェンスンからは、セガからの資金提供がなければ、会社が潰れてしまうかもしれないと言われました。それではまずいと思って、何か方法がないかと考えました。

それで、ジェンスンにNVIDIAの株式５００万ドル分をセガに渡しなさいという交渉に切り替えたんです。当時のNVIDIAの株式単価が6ドルくらいだったので、５００万ドル分をセガに株式譲渡して、残りの３００万ドルは現金で開発費として支払うという契約をしたんです」

当時の投資資料、関連資料が散逸してしまった現在では全容を把握するのは困難だが、NVIDIAは創業から2年目にＮＶ３の開発が難航して資金繰りが困難な事態に陥り、その経営危機を救ったのがセガだった。１９９５年は1ドル80円を切るという局面もあったほどの急激な円高の影響で、セガからの株式投資額５００万ドルは邦貨で4億２５００万円に抑えることができた。

「そんな段階を経ているうちに、シリコングラフィックス社が競争に勝てなくなって倒産してしまいました。他にもＡＴＩとか、いろいろなＰＣチップメーカーがたくさんあったんですが、NVIDIAはGeForceというグラフィックス・カードがメジャーになって、さらに業績を伸ばしていったんです。

２０００年代に入って、アメリカ行って久々にジェンスンに会ったら、『サトウ、まだウチの株式持っているか？』と聞かれて、実は全部売ってしまったと答えたんです。その頃の株価は１株26ドルくらいでしたが、当時のセガはキャッシュフローが厳しかったから、本来であれば一部の株式分は残すべきなのですけど、すべて財務部が売却したあとでした。まさか全株を売ってしまうとは思いませんでした。その時にジェンスンが『いま持っていたら２６０ミリオンだな』と

投資先	備考	分類	内容	保有株式数	投資金額	簿価	評価額
Nvidia	投資金額 US$5,000,000.25	Nasdaq	株式	750,000	425,200,021	425,200,021	1,966,971,094

セガの有価証券報告書より。2000年3月期のものから抜粋

いうわけです。売らないで保有していたら、300億円近い現金になっていたのです。あのときは、セガが苦境で、仕方なく株式を売ってしまったけど、長期で保有していたらすごい金額になっていたんだと思いました」

ここでは2000年3月期、セガの有価証券報告書からNVIDIA株式売却に関する項目をピックアップした。

佐藤の証言の通り、株式保有（投資）は5ミリオン、セガの帳簿価格は4億2500万円、保有株式は75万株である。当時の財務担当者らによれば、NVIDIA株式の売却は1999年4月から9月のあいだに全75万株を売却。

1999年1月22日にアメリカ、ナスダック市場に新規株式公開したNVIDIAの売り出し価格は1株12ドル。公開当日の終値は20ドル近くまで急騰。因みにNVIDIA株式は99年末にかけて40ドル近くまで上昇。

セガ保有のNVIDIA株式の正確な売却株価は不明だが、当時1ドルが110円台だったことから推測すると、NVIDIA株式が1株24ドル弱のタイミングで売却したと推測される。その売却額は約20億円、正確には19億6697万円となった。

つまり、初期株式投資分5ミリオン（4億2500万円）は15億4118万円の売却益でプラスとなり、19億6697万円のキャッシュを産んだ。投資対効果では約5倍のキャッシュが手残りとなった。

しかし、セガの1999年3月期当期損失は約430億円、2000年3月期も同額の約430億円を損失計上。結局、当時のNVIDIA株式の売却は、経営不振であったセガにとっては焼石に水ということになってしまった。

なお、この売却時の最終決裁者もまた、代表取締役社長、入交昭一郎だった。

「『ドリームキャスト』のアーキテクチャを担っていて、のちにイマジネーション・テクノロジーズ（Imagination Technologies）という名前になるイギリスのビデオ・ロジック（Video Logic）という会社にセガの子会社を売却する時には、反省を込めて株式を譲渡してもらったんです。この時は1株60ペンスぐらいで、１００万株くらいを持ったと思います。

それで、ビデオ・ロジック社の、当時のＣＥＯのホセイン・ヤサイ（Hossein Yassaie）が日本に来るたびによく会っていたんですが、ホセインは株価を1ポンドまで持っていくと言っていました。その頃に、また財務部が来て、このビデオ・ロジックの株式を売却してもいいですかと言ってきたんです。財務部は全株式を売りたいと言ったんですが、３分の１ならば売っていい、ただし1ポンド25ペンスになるまで待てと言って、実際に1ポンド25ペンスになった時に3分の１の約30万株を売りました。

次に2ポンドぐらいになった時にもう3分の1を売って、ちょっとずつ処分して、損をしないようにしました。イマジネーション・テクノロジーズのアーキテクチャ・グラフィックス機能は、ほとんどのスマホに入るくらいに広まったので、最終的には10ポンドぐらいまで上がったんじゃないかな。

振り返ってみると、セガと付き合うことで、NVIDIAとイマジネーション・テクノロジーのどちらも不幸になっていない。むしろ大きく成長したと思います」

NVIDIAの成長に寄与した西川正次

西川正次　写真撮影：筆者

佐藤秀樹がNVIDIAへの出資や協業を探る際に、セガの開発の最前線でNVIDIAの成長に関わったのは西川正次である。一時期、NVIDIAから転職の誘いもあったが、セガに留まった。もしもの話はキリがないが、あのとき西川がNVIDIAを選択していたら……。

「ビデオゲームが好きで、大学の時は毎日ゲームセンターに行っていたんです。当時、ゲームセンターは24時間営業だったので、夜中にゲームセンターに行って朝帰りして、小学生が通学している姿を見たりしていました。

『スペースインベーダー』のあとくらいの時代で、『パックマン』（1980年）、『タンクバタリアン』（1980年）、『ドンキーコング』（1981年）、『チャンピオンベースボール』（1983年）などを遊んでいました。セガは会社として面白いなと思って志望しました。ゲームを作るだけでなく、映画制作など何でもできると聞いたので、自分もやってみたいと思って入りました。

でも、ハードウェアは全く作ったこともないし、知らないので、そういう部署で勉強してからと思っていたら、そのままずっとハード関係の所属部署になってしまいました。家庭用ゲームの企画開発責任者だった石井洋児さんから、『いつになったら、こっちに来るんだ』と言われていたんですが……。

１９９４年くらいだったと思うんですけど、セガサターンがCD-ROMでゲームソフトを再生するディスク・システムを採用していて、それだとディスクを製造するのに1ヵ月以上かかってしまう。ソフトメーカーが何月に発売したいといったら、締め切りをかなり前に設定しないといけなかったんです。

それくらいリードタイムが必要なので、カートリッジ・カセットタイプにできないかと模索していたんです。当時はNINTENDO64の全盛期なので、カートリッジ・カセットタイプでもいけると思いましたし、メガドライブも、まだアメリカではジェネシスとして売れている時で、カートリッジ・カセットタイプをもっとやりたいという気持ちがありました。それで色々と可能性を探している時に、日立からNVIDIAというスタートアップ企業があるんで会ってみませんかという打診があったんです。

すぐにアメリカに行ってNVIDIAのメンバーと会ってみたら彼らの技術が面白そうだったので、検討してみましょうということになったんです。

当時は３ｄｆｘ[※]とビデオ・ロジックとNVIDIAがあって、３ｄｆｘは日本のどこかの商社がアメリカから持ち込んできていて、ビデオ・ロジックはＮＥＣ、NVIDIAは日立と提携していました。あと、松下電器がゲーム機『３ＤＯ（スリーディーオー）』をやっていましたが、『３ＤＯ』は残念ながら消滅しました。

アタリという選択肢もあった中で、社長の中山隼雄さんに呼ばれまして、『NVIDIAでやりなさい』と言われました。それはなぜかというと、セガサターンに、日立のＳＨ－２というＣＰＵを使っていたからだと思います。まだセガサターンをリリースしたばかりで、これからもしばらく日立と付き合っていかなきゃいけないから、その接点を継続したということです。

次はＳＨ－３というのが新しくできるから、それとグラフィックチップを組み合わせて、すぐ

※3次元コンピュータ・グラフィックスに特化したコンピュータチップや基板を開発していたが、2000年に経営が悪化しNVIDIAに資産を売却し解散した。

に出したい。セガ独自で作るには時間も技術も足りないから、ある程度の技術があるところと組んでやりましょうというのが当時の話でした」

利益相反の可能性と幻の億万長者(ミリオネア)

「NVIDIAが1995年にNV1という試作チップを作りました。3dfxがリリースしていたブードゥー(Voodoo)と同じようなものです。3次元コンピュータ・グラフィックスの機能もあるんだけど、特色があるクワドロテクスチャー※でカーブができる仕様だと日立から聞いたので、それも検討しましょうということになりました。

それでアメリカのNVIDIA本社に何度か行って、セガが開発要請を出してくれるなら新しくNV2というものを作りますという話をして、試作を2回くらいやったんですが、ちゃんとできなかったんです。私からも、日立からも色々とアドバイスをしたんですが、うまくできない。結局できあがらなかったので、入交さんが時間切れという判断をして、セガとしては公式に開発を継続しないということをNVIDIAのジェンスンに伝えたら、『なんとかしてくれ。このままじゃ会社がなくなっちゃう』と言ってきて……」

そして、先に触れた通りの投資の話が持ち上がったということになる。だが、そういった会社同士の付き合いがある一方で、西川には個人的な連絡が入ったのだった。

「そんな投資の話があった頃だと思うんですが、私はNVIDIAから誘われたんです。株式を持つというオファーだったと思います。それで上司の佐藤秀樹さんに相談したところ、利益相反になるからやめておきなさいと言われて止めました。当時、PCのチップは3dfxもNVシリー

※3次元コンピュータ・グラフィックスで疑似的なポリゴン(多角形)と、そのテクスチャー(表面)を使用して立体感を表現する手法のひとつ。2次元関数表現を利用していたのでクワドロと呼ばれた。ただし、半導体の急速な進化とコストダウンにより、クワドロテクスチャー技法は消滅した。

ズもそうなんですが、アドオンチップで3Dを再現していました。NVIDIAは、それでは誰も買ってくれないから、ワンチップでやらないと駄目だという話をしていました」

しかし、セガとNVIDIAの蜜月も長くは続かなかった。むしろNVIDIAはセガをステップに大きく羽ばたき、逆にセガは『セガサターン』、『ドリームキャスト』の失速と頓挫により、その関係性は変わってしまった。

「佐藤秀樹さんが代表取締役社長の時代に、セガが保有していたNVIDIA株式を売却しました。出資した当時に保有していた5億円分の株式が約20億円になってセガに戻ってきましたが、今でも持っていたら、おそらく1000倍くらいになったかもしれないですね。ジェンスンが言っていたのは、当時のアメリカのスタートアップで成功した企業の売上が日本円でいうと700億円ぐらい。それがいまは4兆円レベルですからね」

幻と消えたソニーとセガの共同開発ゲーム機

西川正次が、コンピュータ・チップの開発コンセプトや製造に与えた影響は計り知れない。『プレイステーション』の父として知られる久夛良木健にもアドバイスを行っていたという。

「私はセガサターンのハードウエア設計をやる前に、メガドライブの開発設計の仕事をやっていました。でも、所属はアミューズメントでゲーム基板開発をやっていたので、3次元コンピュータ・グラフィックスのゲームをやりたかったんです。ソニーさんが自社でプレイステーションを出す前に任天堂と組むことを目論んでいたことはよく知られていると思いますが、ソニーの久夛良木健さんは、任天堂に体良くあしらわれてしまって悔しいから、任天堂を見返したいという想いでセガにお声が掛かりました。一緒に事業をやりましょうという提案があって、私はそこに参画していたんです。

ある時に、久夛良木さんがチップを持ってセガに来て、『どうだ、すごいのができただろう』と披露してくれたことがあるのですが、僕のほうで『これではまだゲームはできないですよ。その時に、これこれ、こういうのを改良してください』と話したら、2～3カ月後に、これでどうですかと言って、改良された新しいチップを持ってきたんです」

しかし、ソニーが、任天堂への意趣返しとしてセガと始めた共同開発ゲーム機プロジェクトは立ち消えになってしまった。これは推測になるが、ソニーはセガと進めたチップ開発を独自に進化させていったと思われる。そして、ソニーは独自に『プレイステーション』を開発、導入の際にはナムコをはじめとした多くのパブリッシャーの協力を取り付け、任天堂やセガに勝負をかけてきた。結果的にセガはその『プレイステーション』の前に屈服することになってしまう。

西川の発想はＣＰＵ、ＧＰＵ※両方に影響を与え、当時、日本の半導体でトップランナーだった日立にも及んでいる。

「のちに日立の人から『ＳＨシリーズはおかげさまで、世界ナンバーワンのＣＰＵになりました』と言われました。多分、パチンコのグラフィックエンジンのサポートＣＰＵとか、カーナビなど多用途に使われて広まったんでしょう。

そういえば、昔のことを思い出しました。業務用ゲーム販売の責任者の小形専務（当時）に、残っていた『ハングオン』の基板を使って、アミューズメントマシンショー用に『スペースハリアー』を6台作ってくれと言われたんです。その基盤は拡張研究用に取っていたものなんですが、ショーが終わった後に、小形専務に『あれ、どうなりました?』と聞いたら、『欲しいヤツがいたから、全部オペレーターに売っちゃった』と言われたときは驚きましたね。まあ、そんな時代

※グラフィックボード。３Ｄグラフィックスを描写する際に必要となるチップ。

だったんです」

写真撮影：筆者

川口博史

サウンドからゲームをデザインする

Profile　生年月日　1965年4月12日
千葉県出身
千葉県立東総工業高等学校電気科卒業
セガ・エンタープライゼス　入社　1984年4月

Creator's File 3

1984年は、当時のセガにとってあたり年だったと言ってもいいだろう。川口博史、中裕司※、そして、後年にセガの代表取締役社長に就任する小口久雄が新卒人材として採用された年次だ。

川口は学生時代に作った自作ゲームの経験からプログラマーとしての採用だったが、鈴木裕との出会いによって、サウンドクリエイターへ転身していくことになる。それはテクノロジーの進化と時代の変化が彼を後押しした部分もあるだろうが、川口自身が「その場所」にいたことが重要だったに違いない。

川口の仕事への姿勢は、趣味の延長線にあり、現在でも月曜日が来るのが待ち遠しいという。昔も今も仕事が楽しくて仕方がないのだ。2025年には勤続41年目となる。そのルーツと現在と未来を訊く。

――セガへの入社経緯を教えてください。

ゲーム会社に入りたいと思った理由は、それまで趣味でやっていたことを仕事にすれば、給料をもらいながら続けられると思ったからです。

学生の頃、マイコンでプログラミングを勉強していて、自作ゲームに自分で音楽をつけて、PC雑誌に投稿して掲載されたりしていました。

高校を卒業して就職する段になって、どこに就職をしようかなって色々と探していると、そこにセガ（当時はセガ・エンタープライゼス）があったんです。その頃、セガのことはそれほど知らなくて、ゲーム会社ぐらいの認識だったんです。それでちょっと調べたら、セガはゲームセン

※1965年生まれ、1984年入社。『ソニック・ザ・ヘッジホッグ』シリーズ、『ファンタシースターオンライン』などを開発した。

ターを運営していると知って、興味を持ちました。

――他のゲーム会社に関心はなかったのでしょうか。

自分の学校に募集案内が来ていたゲーム会社は、セガしかなかったと思います。まあ、見つけられなかっただけかもしれないですけどね。それで、結構早い時期に、その募集案内を見つけて、セガの面接を受けました。鈴木久司さんが面接官で、マイコンでゲームプログラミングをしている話や音楽を作っている話をしたんです。10分ほど私が話した後は、鈴木さんの話を聞くだけで、最後に「それじゃあ、来年からよろしくね！」と言われて終わったんですが、受かったのかどうかはわからない状態でした。でも、後からちゃんと採用通知ハガキが来て安心しました。

――学生時代のことを教えてください。

学校は千葉県立東総工業高等学校で、中学の頃からコンピュータが好きだったので、その勉強をしたくて電気科に入学しました。実家は千葉県の銚子市だったので、東総までは1時間くらいかけて通学していました。

入試のときは、もう一校、コンピュータの勉強ができる学校があったんですが、電車で2時間くらいかかるところにあったので、近いほうの東総に入学したんです。

当時の研究開発部。左手前が川口博史。弾いているキーボードはヤマハPSR-70。『スペースハリアー』または『ファンタジーゾーン』開発の頃
写真提供：セガ

——入社した当時のセガはどんな印象でしたか。

ざっくりいうと自由だなって気がしました。当時はまだLD（レーザーディスク）ゲームが主流だったようで、セガ本社の入り口にそれが置いてありました。大鳥居の旧本社の1号館のところに2階建ての本社ビルがあって、2階に社長室、その下が食堂でした。その奥の裏手に（最終的に本社1号館になったところ）に工場がありました。

入社後は、旧本社ビルの向かいにある「別館」と呼ばれるビルに配属され、そこで働いていました。

そこは研究開発が入っているビルで、その4階か、5階に通っていました。部署名はちょっと記憶にないです。当時の給与は手取り9万円くらいだったと思います。

元々、自分の作ったゲームにオリジナルの曲をつけて投稿していたので、セガに入社したらゲーム音楽を作りたかったんです。ナムコの『ニューラリーX』（1981年）のサ

ウンドをゲームセンターで聞いて、そこに未来を感じたんです。あの筐体から、あの映像が出て、サウンドがタッタッタッと流れるじゃないですか。あれがカッコよすぎて、自分もゲームに音楽をつける仕事をやりたいというのを面接の時に言ったんですけれども、ゲームを作っていて、BASICとアセンブラを使えることも言ったためか、入社するとプログラマーとして配属されました。

——学生時代はどんなゲームを自作していたのでしょうか。

学生の頃に自作していたのは、横スクロール型のスーパーマリオのようなゲームで、キャラクターがいて、それが山とか谷を越えながらゴールを目指すというものです。あとは『蛇（へび）たま』といって、迷路にある卵をプレイヤーの蛇が食べていくと、蛇がどんどん伸びていって、蛇のしっぽ部分を自分で食べないように全部取るようなゲームとか……。こんな感じで自分でゲームをずっと作っていたから、逆にゲームセンターに行ってないんです。おそらく、自分が中学2年の頃に『スペースインベーダー』が大流行したんですが、ほとんどやってないんです。

その頃はマイコンでゲームを自作していたので、ゲームセンターでお金を使うのはもったいないというイメージでした。上手い人のプレイを後ろでは見ていましたけど、自分からはあまりやらなかったですね。ただ、ゲームの映像を眺めるのは好きで、『ニューラリーX』もそうですし、『パックマン』も映像はよく見ていました。

――話に出た『ニューラリーX』などを開発したナムコに行こうとは思わなかったのでしょうか。

ナムコからは学校に募集が来てなかったと思います。当時の認識としては、『ニューラリーX』をはじめとして、それらのゲームを作っているのがどんな会社なのかということは意識していませんでした。だから、ナムコしか募集がなかったら、ナムコに入社していたかもしれないですね。

――セガの開発に配属されて最初はどんなことをしていましたか。

入社が、中裕司君と同期なんです。研修的なものはなかったと思いますが、中君と2人で組まされて、上司から「女の子向けのゲーム作ってみて」と言われて作ったのが研修っぽい感じでしたね。2人で、こうしようとか、ああしようと初めて作ったのが『ガールズガーデン』という作品で、商品化もされました。

もともと、自分でゲームを作っていたので、仕事とはいえ今までの趣味の延長をやっているわけです。途中からデザイナーが入ってくれて、プログラムを中君と2人で組んだんですけど、当時は、それがすごいことだとはまったく思いませんでした。ゲームを開発するというのは、こういう風に作って、こういう風に売るものなのだなと思いました。昔も、今も同じなんですが、基本的に仕事だと思ってないんです。ゲームを作ること、サウンドを作ることを仕事と思ってやったことは一度もなく、「楽しい」の延長ですね。

その当時は、アーケードゲームも、コンシューマゲームも開発部署は1フロアで一緒だったんです。ソフトを作るチームにはプログラマーやデザイナーがいて、あとはハードを作るチームがありました。サウンドはハードを作るほうのチームの所属で、なぜならもともとサウンドはハード側で鳴らすものだったからです。企画専門職は、たぶんいませんでした。

――『ハングオン』サウンド参加のきっかけは？

『ガールズガーデン』を作ってから、その後、SG-1000用のサッカーゲーム『チャンピオンサッカー』を作っていたんです。

そんなある日、フロアに大きな『ハングオン』の開発筐体が置いてあって、そこで鈴木裕さんから「このゲームで音楽を流してみたい、それもバンドの曲を流してみたいんだけど、どうにかならないか」と言われたんです。なんで、そのときに裕さんが私に声をかけたのかはいまだによくわからなくて。後日、裕さん本人にも確認したんですが、この時のことはまったく記憶にないというんです。

確かに、セガに入社する時にサウンドをやりたいですと言っていました。また、当時は趣味でオリジナル曲をやるバンドをやっていたんです。今でいうとポップス系のようなものですね。

裕さんからは「とりあえずバンドっぽい曲を入れたい」と言われて、自作の曲を聞かせたら、「いいね！」ということになって、それを『ハングオン』に収録したんです。同期に※林克洋（はやしかつひろ）／ファンキーK.H.君が居たので、裕さんは彼にも頼んでいたのかもしれません。

当時は、曲をカセットテープに録音して、サウンドチームの先輩に頼んで入力をしてもらいました。『ハングオン』には3曲収録されていて、そのうちの2曲を作曲しました。当時のサウンドは、ハード開発チームの中のいち担当くらいのイメージでした。というのも、当時のゲーム音

※セガで『ガールズガーデン』、『カルテット』などのゲーム音楽に携わり、その後退社してフリーに転身。

楽や効果音は「抵抗※」で音を作って鳴らしていたからです。ゆえにサウンドはハード開発チームの仕事であり、領域だったんです。ただ自分たちが入社した頃からはハードで音を出すというのがほぼなくなっていったので、徐々にソフト側に位置づけられるようになりました。その当時は、他の開発環境は知らなかったので、こういうものなんだろうなあと思っていました。

――『ハングオン』を見たときのことを教えてください。

部署の入り口にでかい『ハングオン』の試作筐体がありました。その頃、ハード開発チームの同僚が『ハングオン』のテストライダーだったんです。彼はレーサータイプのバイクに乗って、実際にレース活動をしていたんですが、彼でも、最初はうまくコントロールできなかったと言っ

『ガールズガーデン』。1985年2月に発売されたSG-1000用ゲームソフト

『チャンピオンサッカー』
写真提供：セガ

※抵抗または抵抗器。回路に流れる電流を制御する部品。

ていました。

筐体から自分の作った曲が流れるので、すごく感動しましたね。

ずっとゲーム機から音を出したいと思っていたので、『ハングオン』で、初めて自分の曲が流れたときは、とてもワクワクして感動しました。その感動があったから、今に繋がって、やり続けているということです。


――『ハングオン』のあとはどのような作品のサウンドを作りましたか。


『ハングオン』の開発業務が終わったあと、裕さんにその曲を気に入ってもらえて、次のゲーム……まだ『スペースハリアー』という名称が決まってない頃に、「こんなゲームなんだ」というコンセプトを教えてもらったんです。それによると、「映画『ネバーエンディング・ストーリー』に出てくる白いドラゴンに乗って戦うような世界観のゲームなんだけど、あんなイメージで曲を作れる?」と聞かれたので、やってみますと言って始まったのが、後の『スペースハリアー』の楽曲です。

その頃はセガの大森寮という寮に住んでいたんです。会社から徒歩で10分くらいの場所で、6畳一間に2人住まいでした。仕事が終わった後だと思うんですが、そこに裕さんが来てくれて、林君が持っていたヤマハのシンセサイザーDX7で、自分で作曲した『スペースハリアー』用の楽曲を弾いて、こんな感じでどうですかって言ったら、いいね、OKということになって採用されたんです。

『スペースハリアー』のサウンドを作っているときはまだプログラマー職でした。一方でゲーム

当時の研究開発部にて　写真提供：川口博史

開発をしながら、一方でサウンドを作っているという感じです。曲は私が作って、最終的にはサウンドの人に渡して入力をしてもらうというフローでした。

サウンド制作とプログラムは半々な感じです。肩書はプログラマーでしたが、どちらの仕事も好きだったので、両方できたことは楽しかったですね。

――『アウトラン』に携われた経緯を教えてください。

『スペースハリアー』のあとに『アウトラン』に繋がるんですが、そのときは、もうサウンドとして部署になっていました。確か1つ前のプロジェクト『ファンタジーゾーン』（1986年）からサウンドチームができていました。『ファンタジーゾーン』は片木秀一さんがメインプログラマーを務めた作品です。

『ファンタジーゾーン』は僕が関わる前にすでに曲ができあがっていたんですが、それがあまりゲームにマッチしないということで、オファーがあったんです。もう少しゲームのビジュアルに合うものにしたかったようです。それで『やります』と言ってできあがったのが、「OPA-OPA」などの楽曲です。そのあたりから、サウンドのプログラムやデータも全部自分で入力するようになりました。

『ファンタジーゾーン』が終わった頃に、今度は裕さんから「ドライブゲームを作りたいんだ」と言われたんです。最初のオーダーは「レースなのだけれども、レースというダイレクトな表現は出てこない、いろんな景色を楽しみながらドライブするゲーム」という内容でした。

音楽も、実際に車に乗っているときにラジオから流れてくるような、ジャンルの違う曲を入れたいということになりました。ロックとフュージョン、もう1曲は自分の好きなジャンルの曲でいいよと言われたので、当時、好きだったラテン調の「マジカル・サウンド・シャワー」が入っています。

――Ｈｉｒｏサウンドのルーツとは？

自分の音楽のルーツは小学校の頃に聴いていた洋楽がメインでした。その頃はＦＭラジオのエアチェックにはまっていて、あとになって、あの時のカッコいい曲は、このアーティスト、このバンドの曲だったのかとわかったことがずいぶんとありました。ビートルズの楽曲も、あとになって聞き直してみて、あの頃エアチェックした曲がビートルズだった、なんてこともありましたね。あとはグレン・ミラーなども好きでしたし、ミュージカルの曲もたくさん聴いていました。

ジャズとクラシックは聴いていなかったです。

昔、「FMレコパル」という雑誌があって、その番組表をみて、この番組を聴こうとか思っていました。

音楽の教育は全然受けていなくて、小学校の頃はずっと成績表は3でしたし、中学、高校でも特別に習っていないです。中学校の頃にフォークソングが流行って、ギターを弾き出して、コード進行などは、フォークギターで覚えました。作曲は、中学の頃にフォークギターでやりはじめて、歌詞も書いていました。中学生の頃は、さだまさしさんやイルカさんの曲が大好きでした。

高校に行ってからエレキギターをやるようになって、一緒にやっているメンバーが好きだったフュージョン系の高中正義さん、カシオペア、松岡直也さんなどのサウンドに出会ったんです。中でも、高中正義さんのサウンドはイントロがシンセサイザーで始まって、ギターが徐々に入っていくようなサウンドで、その構成がいいなと思っていました。

その頃はサイドギターを弾いていたんですけど、イントロでシンセサイザーのメロディを弾きながら、サイドギターを入れてということをやっていたんです。すべて独学でやっていたんですが、そのうち、だんだんピアノやキーボードのほうが面白くなって、最後の方はキーボーディストになってしまいました。

――アーケードゲームサウンドはどう変化していったのでしょうか。

アーケードゲーム用のサウンドに関しては、大きなゲーム基板の一部分がサウンド用のエリアになっているんです。その後、徐々に音源がリッチになってロム容量が増えていき、効果音や音声、楽器のサンプリング音源が入っていました。

『ハングオン』の頃は、ロムの容量が小さくて、ドラム音とか走行中のエンジン音くらいしか入らなかったんです。それが、作品を追うごとにどんどん進化して、『アウトラン』くらいになると、ドラムのタムなどの音色が増えたり、効果音や音声なども入っています。

『アウトラン』の頃にはロムの容量が増えてきたんですけれども、メインの3曲に加えてネームエントリー画面の「ラストウェイブ（LASTWAVE）」を入れるには足りなくて、データ入力してくれた方が、同じ部分を使い回したり、カットしたり、色々と工夫して容量を減らして入れてくれました。

さらに波の音もＰＣＭで入れたい！と要望したので、とても大変だったと思います。当時のゲームの容量は全般的に少ないので、常にデータ容量をどうやりくりしようかということばかりやっていましたね。これはサウンド面だけではなく、プログラマー、デザイナー、みんな大変だったと思います。

ちなみに当時、自分の中では、エンディングはバラードで決めたいなと思っていたんです。なので「ラストウェイブ」は、好きだったギタリストの高中正義さんのギター曲「黒船」っぽいテイストの楽曲になっています。


――鈴木裕との仕事について振り返って思うことはありますか。

裕さんと最後に一緒に組んだのは『パワードリフト』（１９８８年）、『G-LOC:AIRBATTLE』（１９９０年）のサウンドでしたね。その後は、一緒にゲーム開発をしたことはないのですが、おそらく、あの頃は、私自身で他にやりたいことがあったんじゃないかと思います。『バーチャファイター』のサウンドも、やりたいといえばできましたけど、手をあげませんでした。

裕さんは、仕事に素直に向かって、やりたいことを実現するために皆を動かすので、人によっては無茶を言っていると感じる人も結構いたんじゃないかな。特にデザイナーの人は大変だったと思います。

『バーチャファイター』を開発している時に、最初にモックアップを作るじゃないですか。ある時、仲の良かったデザイナーが裕さんに、できたばかりのジャッキー（・ブライアント）のキャラクターを見せたら、「いいか、ここ（自分の肘）を見ろ、関節は、こう繋がっているじゃないか」と言われたらしいんです。

そのデザイナーが作った最初のキャラクターは、腕の関節部分が少し離れていたんですよ。それがおかしいということを、裕さんに指摘されたと嘆いていました。私はそれを聞いて、裕さんの言っていることはもっともだ、正しいなと思いました。とにかく「楽しいものを作りたい」「そのためには妥協をしない」という気持ちがあふれている人でした。

裕さんは遊びも真剣で、『アフターバーナー』を開発していた頃のことですけど、当時は、ビリヤードが流行っていて、夜中12時過ぎると、「じゃあ、そろそろ行くか」と、誰ともなく言い出して川崎にあったビリヤード場によく行っていました。それで2時間ぐらい遊んで、終わったらまた会社に戻って、そこから開発を再開するという、今では許されない環境で、朝方まで仕事して、眠くなったらそこらの床で寝る、ということを繰り返していました。

あの頃は、そういうことがいっぱいありましたね。大森寮は徒歩10分くらいなので、歩いて帰れるんですけど、誰も帰らないんですよ。床で寝る派と椅子で寝る派がいて、床派はダンボールを敷いて寝る、椅子派は椅子を交互に並べて、ベッドのようにして寝るという2通りでしたね。

――スタジオ128とはどんな開発環境だったでしょうか。

スタジオ128には最初から最後まで所属していました。私自身は、なぜあのような組織になったのかは知らないんです。裕さんが分室を作るぞと言い出して、メンバーを集めていったということだけしか知らないですね。

確かに、夜中まで仕事して、すこし息抜きして、また戻って朝方まで仕事をして、それから寝るというのは、本社だと他のメンバーや部署の手前、できなかったでしょうね。

128のメンバーは、デザイナーは濱垣博志さん……顔かたちが歌手のさだまさしさんによく似ていたので、みんなからは「さださん」って呼ばれていました。あとは『ダイナマイトダックス』（1988年）をデザインした浜田清(はまだきよし)さんと、もうひとりは太田賢二(おおたけんじ)さん。

プログラマーは裕さん、三船敏さん、小林雅彦(こばやしまさひこ)さんがいました。サウンドは僕1人ですね。メンバーは全員で10人くらいでした。『パワードリフト』がスタジオ128としての最後の作品でした。このスタジオ128が、後に8研になりました。

――現在はどのようなお仕事をされていますか。

以前はアーケードゲームとコンシューマゲームで仕事が分かれていましたが、今はすべてのサウンドが1つに統合され、さまざまなプロジェクトに関わることができるようになりました。

『龍が如く』[※1]や『ソニック』[※2]シリーズの楽曲もやりましたし、『スーパーモンキーボール』[※3]の楽曲も手伝っています。

現在はエキスパートという役職で、職人的な立場から色々なプロジェクトに参加できています。部下のマネージメントをしなくてよくなり、自由にプロジェクトに取り組める環境です。去年の初めぐらいまでは、今年リリースされるメダルゲームの楽曲を作っていました。

――2024年は、入社から勤続40周年という節目でしたが。

2025年、定年を迎えます。

他の部署と違って、サウンド部署は昔からの人が今も残っていますね。職種としては楽しいですから。仕事は趣味です！……でも、そう言うと、光吉(みつよし)[※4]（猛修(たけのぶ)）君に怒られます。仕事は仕事です、と（笑）。

振り返れば、いろいろと大変な事もあったと思うんですが、趣味として好きな事だったから、今の自分のポジションというか、やりたいことができる環境になっているんだろうなと思います。最初から、むちゃぶりでしたからね。『ハングオン』の筐体からバンドの曲を流したいという裕さんのオーダーから始まって、『アウトラン』では3曲、それもラジオから流れているような曲を流したい、ゲーム音楽じゃないものを出したいという裕さんの要望があったり、そういうむちゃな要望がいろいろあったけど、それをクリアして、どんどん自分がレベルアップしてきて、今に至っているのかなって気がしますね。

そういう意味では裕さんには感謝しかないですね。まず、あの『ハングオン』のときに自分を

※1 セガ開発によるアクションアドベンチャーゲーム。2005年から現在までシリーズ化している作品。
※2 セガを代表するキャラクターであり、ゲームシリーズとして知られる作品。
※3 アーケードゲーム『モンキーボール』のニンテンドーゲームキューブ向け作品として2001年に販売されたソフト。
※4 1990年にセガ入社以来、一貫してゲーム音楽作曲と歌唱に関わり、「日本一歌の上手いサラリーマン」と賞賛されるサウンドクリエイター。

見つけてくれたというのが、すごいことですね。あの頃、あそこで、声をかけてくれなかったら、今もプログラマーをやっていたかもしれないですね。趣味でしか音楽を作っていなかったかもしれないし、セガにいなかったかもしれない。そう考えると不思議ですよね。

――ゲームサウンドの制作開発で楽しいところは何でしょうか。

サウンドの仕事は、毎回違うものにチャレンジできるんですよ。

例えば、いま開発しているメダルゲームは、最大4組で1つの筐体に座れます。座るとスピーカーがそれぞれにあって、普通に音を流すと他の音が混ざってバラバラになりますよね。でも、その不協和音になるのが許せなかったんです。自分から出ている音で、自分が濁ってしまうことが解消できるといいなと思っていました。

その解決策として、全部の筐体のサウンドを同期するようにしたんです。それぞれのブースから違う音が出ていても、同じコード上で音が違和感なく重なるようにしたんです。これは今までなかったことなんですけど、それを実現したかった。そんな感じで、新しいプロジェクトで新しい事に都度挑戦しているので、毎回楽しいです。

常に新しいジャンル、サウンドを研究して取り入れていきたいと思っています。コンテンツはゲームなので何でもありなんです。一般の曲を書くわけではないので、毎回違う「お題」が来るので飽きないですね。

――最近注目しているエンターテインメントはありますか。

最近はドローンショーに興味があります。

今はまだ技術的には昔のドット絵のゲームのようなものですが、10年後はもっと高精細で立体的なものが演出できるのではないか、あれはもう未来だなと思っています。3次元コンピュータ・グラフィックス・ゲームにおけるポリゴン表示と一緒ですね。どんどん進化していく、それが楽しみです。

――入社からの40年を振り返るとどんな心境ですか。

本当にセガに入れてよかったなと思いますね。入ってなかったらどうなっていたんだろうと。40年間、飽きたことないです。辞めたいと思ったこともないですね。いつも月曜日が楽しみです。あと、基本的に頑張っちゃいけないと思っています。

10の力の人は、10だけやればよくて、それで完成させれば自然に次は11ぐらいになっていると思うんです。その次は11の力を出せばいい。でも、10しかないのに15やろうとすると、5無理しちゃうじゃないですか。だからあまり頑張ってはいけないんじゃないですかね。

新人にも、あまり頑張るなと言っています。頑張るんじゃなくて、楽しめればいいと思うんです。いかに楽しむか、ですね。楽しんでいるうちは頑張ってないんですよ。あの頃のように、夜中に徹夜して朝までやって、次の日また徹夜しても、頑張ってないんです。毎日が楽しい。楽しいから、ここまで続けてこられたんじゃないかなと思いますね。

写真撮影：筆者

小口久雄

最後の証言 第3の男

Profile　生年月日　1960年3月5日
長野県岡谷市出身
中央大学理工学部卒業
セガ・エンタープライゼス　入社　1984年4月

Creator's File 4

１９８０年代から１９９０年代にかけてのセガの躍進、中でもアーケードゲームにおける「体感ゲーム」という新ジャンルの創出、その展開の幅広さ、奥行きは他社の追随を許さなかったと言っても過言ではないだろう。

その当時の状況を、セガ社内で多くのゲームを開発した小口久雄の視点から分析する。

１９８４年に中央大学理工学部を卒業後、セガに入社。同期には、『ソニック』シリーズに関わった中裕司がいる。のちに、アーケードゲーム開発部門、第３ＡＭ研究開発部の部長に就任、「企画の３研」として名を馳せ、プリミティブなゲーム・エンターテインメントを追求した作品は多くのファンを獲得した。学生時代に熱中したビンゴマシン（ピンボール）などの遊びからヒントを得たギャンブル的な要素もゲームに転換し、メダルゲーム『スーパーダービー』、『ワールドダービー』などを手掛ける。

２００４年、セガの代表取締役社長に就任。新卒入社社員として代表取締役社長に就任したのは、佐藤秀樹に次いで２人目だ。分社化されていたセガの子会社を再びまとめ、現在のセガサミーグループへの礎を築いた小口。一時代を築いたのち、２０１６年に惜しまれつつ退任。小口の視点から見たあの頃の「体感ゲーム」とは何か、そしてゲームの未来とは。

――セガの体感ゲームたちについてのお考えを聞かせてください。

体感ゲーム……、僕は体感ゲームの本質は、旧メカトロ研究開発、のちの第４ＡＭ研究開発部によるリサーチと努力の結晶だと思う。

例えば、僕が１９８９年に企画・開発した『スーパーモナコＧＰ』も体感ゲームだけど、いわゆるメカニカルな動きは、企画の僕らが決めるわけじゃなくて、こういうのをやりたいと4研のメンバーに言ったことに対して、「じゃあ小口さん、今回はこんなのどうですか」というやりとりになるんです。『スーパーモナコGP』で採用した『バタフライ・シフト』[※]も、4研のメンバーから「あれ、使いましょう」ということで始まっているんですよ。メカニカルな部分では、こっちから特にリクエストは言ってない。体感ゲームシリーズの究極は『R360』だけど、知っての通り、あれもメカトロ研究開発の若手たちが屋上で木製のケーブルドラムを転がすところが起点だからね。

体感ゲームシリーズというのは、結局は動きのあるキャビネットであって、それはソフト開発の人たちが作ったものではない。だからソフト開発側が、自分たちが主導したみたいな物言いはおこがましいんじゃないかと思う。あくまでも体感ゲームは、メカトロ研究開発の主導、当時のメカトロ1課、2課の研究と努力の結果だと思うよ。

役員の倉沢申さん、部長の宮本さん、松野君、伊藤君、吉本君、そして他のメンバーが実際にアイディアを出してプロジェクトを動かしていたのだから、彼らが体感ゲームを作ったと言っても過言ではない。突き詰めれば、体感とは動きで、僕らソフト側が企画、開発したものを、さらにプラスして、1+1を3にしてくれたわけだ。今回はこういう動きにしようとメカトロ研究開発に相談すると、「小口さん、今回はG（重力）をもっと感じさせるようにしましょう！」と言ってくる。すると、じゃあ、もう今回は油圧じゃなくてエアコンプレッサーだね、みたいな話になるわけです。

もちろん体感ゲームにも、そこに優れたコンピュータ・グラフィックスが必要というのはあるんだけど、グラフィックのリアルと動きのリアル、その2つのリアルが融合してこその体感ゲームで、ソフトやグラフィックのほうがしょぼくれた世界観だったら、動かしても意味がない。

※現在はパドルシフトという名称が一般的。自動車のギアをハンドル近くに設置された可動するパドルで変更するシステム。当時はF1などのモータースポーツで使用されていた。

だから、どちらも良くできたリアルな映像、リアルなモーションが合致したものが体感ゲームだったと思う。

——小口さんから見た究極の体感ゲームとはなんでしょうか。

集大成はやっぱり『R360』、そして『ギャラクシーフォース』かな。セガの体感ゲームとしての最高峰が、前後左右360度すべての動きがあった『R360』。あれこそが究極のマシンだと思う。

その間に、今では当たり前になったけど、体感の動きの技術のノウハウを使ってライド・シミュレーターの『AS-1』とか『VR-1』も作っていたんだよ。

いわゆる「体感ゲーム」のノウハウを使って、テーマパークのアトラクション的なものをダウン・サイジングして量産化するにはどうしたらいいかということを、第4AM研究開発部のメンバーが、一生懸命考えていたことに意義があると思う。

——『スーパーモナコGP』には中古のタイヤセットを入れたと聞きました。

僕が企画した『スーパーモナコGP』、あれも体感の動きはエアコンプレッサーを使っているんだけど、製造コストを下げるため、メカトロ研究開発の発案で、エアタンクに中古のタイヤを使ったんだ。デラックスタイプのキャビネットは、エアコンプレッサーで空気をためて機械を動

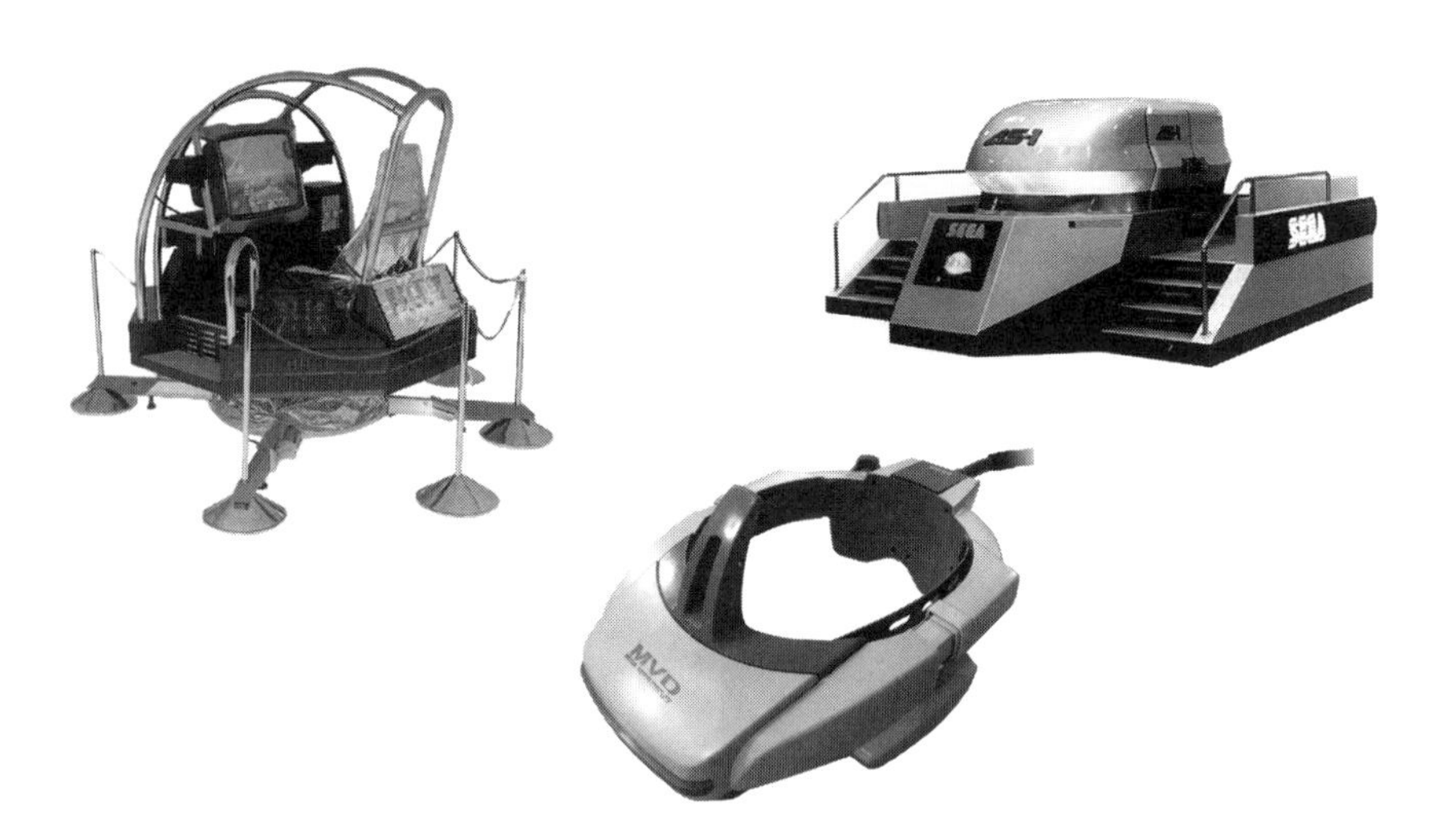

右上：『AS-1』　写真提供：セガ
左上：『ギャラクシーフォース』　写真提供：セガ
中央：『VR-1』で使用されたヘッドマウントディスプレイ「MEGA VISOR DISPLAY」　写真提供：吉本昌男
下：現在もカナダ・Skylon Towerで稼働中の『ギャラクシーフォース』　写真提供：Sara Zielinski

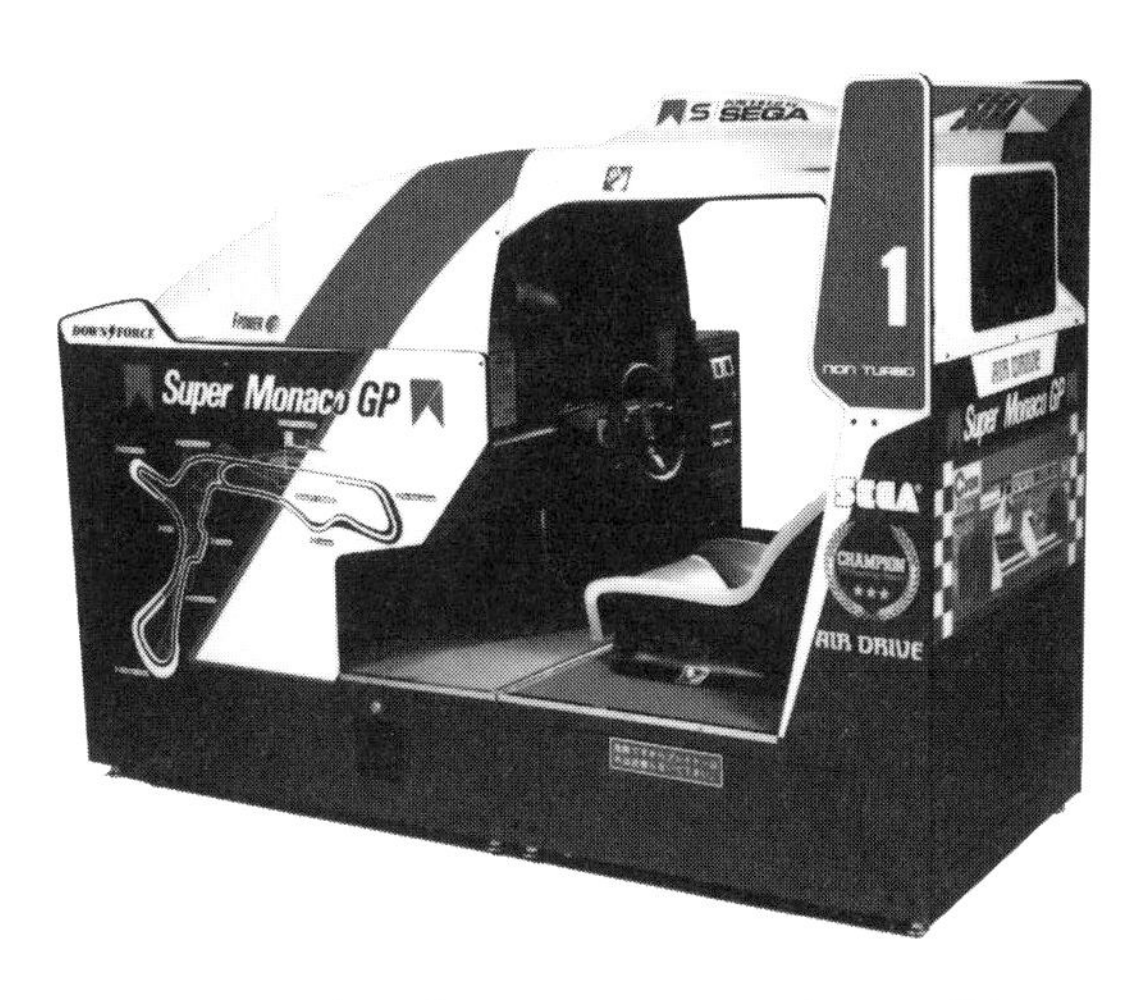

1990年8月9日導入の『スーパーモナコ GP　デラックス版』
写真提供：吉本昌男

かして体感させるんだけど、そのためにはエアタンクが必要なんです。でも、エアタンクは高いから、コストダウンとバースト（破裂）に強いということで、デラックスタイプに関してはAIR DRIVEというシステム名称で、中古タイヤを使ったエアコンプレッサーを入れました。数百万円もする筐体のなかに、中古のタイヤとチューブが入っているってすごい話でしょ。でも、それが理にかなっているんだよね。

　あと、体感ゲームとは少し異なるけど、『スーパーモナコGP』のゲーム画面の上にバックミラーが大きく映っているでしょう。画面の5分の1くらいのサイズで、後ろが見える。あれは何気ないけど、『スーパーモナコGP』で僕が最初に取り入れたんだ。ドライブゲームは、ドライバーの視点だと、前しか見えない。後ろから追ってくるマシンと、抜きつ抜かれつが見えないとゲーム性がすごく落ちるわけです。前だけの視点でゲームをやっていると、横に車が並んでいるかどうかもわからない。なので、小さいバックミラーじゃなくて、上部の横全部に背景が映るようにしたんですよ。そうすると、後ろから来る車も見えるから、自分で相手のクルマのコースブロックができる。こういう仕様が、ゲーム性をすごくアップさせたんです。

――ゲームを面白くする要素は、単に素晴らしいコンピュータ・グラフィックスだけではないということですね。

『スーパーモナコGP』を開発しているときは、3次元コンピュータ・グラフィックスじゃなくて、まだ2次元コンピュータ・グラフィックスだった。従来通りのスプライトで画面を作っています。前後のマシンの位置データを、それぞれ別に持っていたわけです。それを自分のマシンのバックミラーで、後ろのマシンをライブで見ることを2次元グラフィックスで表現する。……ということは、前後のマシンや背景のグラフィックスが必要だし、それぞれの演算処理を常にやっているから、それは大変だったんです。今の3次元コンピュータ・グラフィックスだったら、そんなことは簡単にできるけど、その当時は前後のデータを別々にもたないといけないわけです。そんなことをしたものだから、当時のグラフィックスの担当者にはすごく嫌がられました。当時はシステムCGボードじゃなくて、X-BOARDだったから。でも、その前後の映像をゲーム内で出すことで、ゲーム性がすごく良くなったっていうことなんです。

――85年から90年代前半までを振り返って、常に最新のゲーム基板、技術は鈴木裕率いる「スタ

ジオ128」、「第8研究開発部」、「第2AM研究開発部」に優先的に活用されるという組織のヒエラルキーのようなものがあったように思いますが。

あの時代のセガの発展は、ハードウェアの技術と進歩、それに伴うソフトウェアの進化があったからだと思う。当時のセガが他のメーカーよりも群を抜いて優れていたのは、ハードウェアを研究していた佐藤秀樹さん、矢木博さん、メカトロ研究開発、第4AM研究開発部のみんなの力だと思う。

そこに鈴木裕さんという、世の中にないもの、一番いいものを作ろうとする開発者が居て、この人が、ハードウェア研究の佐藤さんや、矢木さんたちに、「次は、こんなのやりたい！」と言って、実践していた。

そこでハードスペックをどうするかということを話し合って、MODEL1、MODEL2、MODEL3と段階を追って作り、最終的にそれを家庭用へ移植した。そういう歴史があったから、ハードウェアを担当しているメカトロ研究開発、第4AM研究開発部も、一番先端のソフトをやっているチームと組めるのがベストなわけです。

確かに、斬新な企画ものは僕のところでたくさん開発しました。スケボーのアーケードマシンで、MODEL2を使った体感ゲーム『トップスケーター』（1997年）、あれだって、マイケル・ジャクソンに「COOL!」と言われたし、『クラッキンDJ』（2000年）も時代が少し早かったよね。

でも、技術的に新しいものはAM2研から出てくる。

そうなると、AM2研と組みたいというのはハードウェア側としては必然になるよね。セガとしても宣伝に一番お金をかけて展開する話だからね。

ＡＭ２研は最新のハードウェアと、それを活用したソフトでゲームを作っていた。ゲーム業界で、初めてポリゴンで組成されたキャラクターを動かし、MODEL1の『バーチャファイター』が出て、その後、カクカクしていた表面にテクスチャー貼って、見映えがよくなって、人間っぽくなりました。それが『バーチャファイター２』です。その次はポリゴンの数を１００万倍にしようとか……。そういうやり取りが続いた中からNVIDIAなどが生まれて、今に至るわけです。

――NVIDIAについて聞かせてください。同社はセガと切磋琢磨した経緯があって、今に至っていると思われますか。

当時はNVIDIAと、さんざんやり取りをしていたし、いまNVIDIAが半導体で世界一になっているのは、あの頃のセガのおかげだと思いますね。これは、みんな知らないから、もう少し話をするけど……。

いまは誰もがNVIDIAのＡＩチップを使わないとダメみたいになっているんだけど、その背景には、あの頃、佐藤秀樹さんをはじめとしたセガのスタッフが、実際にシリコンバレーのNVIDIAに行って、計算をもっと早くしてくれとか、画像チップをもっとこうしてくれみたいなことを交渉していたという経緯があるんです。それでNVIDIAの底力がついたんだと思う。

少し話は変わるけど、思い返せば、僕が新卒でセガに入って、石井洋児さんに会った時も、〝ああ、この人が『フリッキー』（１９８４年）を作ったんだ〟とか、その頃から、セガにおけるビデオゲームの歴史が始まっているんじゃないかな。

『ハングオン』だって、コアランドテクノロジーの持ち込み企画だからね。セガの企画と書いちやダメだと思う。

――最後に、ＡＩ時代のモノづくりがどうあるべきか、お考えをお聞かせください。

例えば、ＡＩに「こんな世界観のビジュアル」とか、「面白いゲームのアイディア10個だして」みたいなことを命令すれば、簡単に出てくるじゃないですか。

今はまだ著作権の問題があるから、そのままは使えないけど、ＡＩのスピード感に乗り遅れないようにしないといけないと思う。ＡＩを活用することで自分の頭の中を整理することにも使えるし、クリエイターやプロデューサーの仕事もＡＩを使いこなす人と、使いこなせない人の差はめちゃめちゃ出ると思うよ。

『トップスケーター』 写真提供：セガ

『クラッキンＤＪ』 写真提供：セガ

STAGE 9

体感ゲームの終焉

各社の体感ゲームを俯瞰する

本書ではセガが1985年から1990年にかけて開発した「体感ゲーム」を中心に当時を振り返り、関係者に取材するかたちで記してきた。しかし、セガ以外にもナムコ（現在のバンダイナムコエンターテインメント）やタイトーなどのメーカーが最先端のゲーム開発で凌ぎを削ってきたことは言うまでもない。

1990年頃にセガが『R360』を開発していたさなか、タイトーからは『D3BOS（ディースリーボス）』が第28回アミューズメントマシンショー（1990年）で披露されていた。『D3BOS』は『R360』と同様に回転する筐体だが、『R360』のようにプレイヤーの操作によって稼働するものではなく、用意された映像に合わせて筐体が動くもので、ライド型アトラクションの要素が強かった。また『R360』が1人プレイ専用だったことに対して、『D3BOS』は2人掛けシート設定になっていた。

時代ごとに各社の技術力を見せつけるかのごとく、さまざまなゲームマシンが開発されてきた。旧ナムコで体感ゲーム、VRコンテンツなど数多くのソフトとハード開発に携わってきた小山順一朗（こやまじゅんいちろう）は、当時のナムコにおける体感ゲームの定義をこう語る。

「当時、ナムコでは『ハングオン』のようにモーターがない筐体を『体感ゲーム』とは呼ばなかったと思います。自社製品でいえば、1982年に導入された『ポールポジション』は『体感ゲーム』ではありません。『体感ゲーム』とは、可動機構がついている筐体のことを指していました。

ナムコで『体感ゲーム』と呼べるものは、『ポールポジション』の流れを汲むレースゲーム

『ファイナルラップ』（１９８７年）です。『ファイナルラップ』は筐体同士をデータでリンクして、最大８人までの同時レース・プレイが可能なゲームでした。そのあとは、１９８８年に導入された『メタルホーク』で、筐体の動きが人によっては乗り物酔いするくらい激しいといわれました。それに続くのが、１９８９年２月に導入された『ウイニングラン』で、業務用３Ｄコンピュータ・グラフィックス基板のSYSTEM21を積んだ第１弾ソフトで、国産アーケードゲーム初のフルポリゴン３Ｄコンピュータ・グラフィックスのレースゲームでした」

小山自身が開発に携わったものでは、１９９４年に導入した『エースドライバー』がある。これはＦ１をテーマにしたレースゲームで、クイックなハンドル操作を表現することに拘った作品だ。

「簡単に説明すると、『エースドライバー』の筐体はシートの下にタイヤが付いた本物の車のような構造になっていて、それが道路に見立てたローラーの上を走るんです。

フォーミュラカーの乗り味を再現するために、とにかくいろいろなものを試したのはよく覚えています。モーター屋さんを回って、『ボールねじ』というものを使ってみたりしましたが、うまくいきませんでした。当時求めていたものに、技術が追いついていなかったのです。

そうやっていろいろと試している中で、遠山茂樹（とおやましげき）※さんが手掛けた、実寸大の車を操作するエレメカの構造を応用できないかと思ったんです。

試作の段階では、車体が端まで動くとカムとレールの仕組みで強制的にタイヤとハンドルをまっすぐに戻していましたが、ステアリングを切った後、普通の車の挙動と同じようにタイヤが動いて自動的に直進状態になる『三角リンク』という機構を考えました。それで特許を取ったんです。

ローラーは同じ速度で回っているだけなんですが、それでもリアルな疾走感が出たんです。縁

※ナムコのレオナルド・ダ・ヴィンチと呼ばれ、数多くのゲーム開発に関わった開発者。

石に乗り上げたときには、ステアリングをコツンと振動させているだけなのに、シートまで動いているように感じられたんですよ」

また、レースの臨場感を高めるために、音響メーカーのＢＯＳＥと共同開発したサウンドシステムを採用したという。このような体感を演出する仕組みが功を奏し、『エースドライバー』はヒット商品となる。

またタイトーで、数多くのゲーム開発に携わった酒匂弘幸（さこうひろゆき）によれば、「体感ゲーム」を「可動筐体」と定義した場合、タイトーの作品では、１９８７年導入の『フルスロットル』、同年導入のフライトシミュレーター『ミッドナイトランディング』、１９８８年導入の『チェイスＨ．Ｑ．』、１９８９年導入の『WGP - Real Racing Feeling』などが該当するのではないかという。

そして、広義ではパンチング・ゲームも体感ゲームといえるかもしれないと語る。

個人的には、コナミ（現：コナミデジタルエンタテインメント）が開発した「Dance Dance Revolution（ダンスダンスレボリューション）」（１９９８年）も体感ゲームと定義できるのではないだろうか。

さて、ここまでの章で体感ゲームに関して検証を行ってきたが、１９９０年代を迎えると、その数は減少する。そこには、３次元コンピュータ・グラフィックスの導入という、ゲームにおけるグラフィックの進化と革新が大きな影響を与えている。

セガにおいては、自社開発の基板MODEL1から始まり、ゼネラルエレクトリックとの共同開発に依るMODEL2、そしてさらに進化を遂げたMODEL3に続く映像技術面が大きく発展したことで、もはや体感させずともリアルな体験が眼前に広がるという時代の変化もあっただろう。

この３次元コンピュータ・グラフィックス基板は、ナムコでも１９９４年に『鉄拳』に使用されたSYSTEM11があるが、この基板そのものは、株式会社ソニー・コンピュータエンタテイン

『D3BOS』　写真提供：タイトー

『エースドライバー』の筐体　写真提供：バンダイナムコエンターテインメント

『チェイス H.Q.』

フライトシミュレーター『ミッドナイトランディング』　写真提供：タイトー

メント（現在のソニー・インタラクティブエンタテインメント）と共同開発したもので、翌1995年3月31日に発売されたプレイステーション版『鉄拳』の移植を前提にしたものであった。

セガにおけるMODEL1、2、3と、ナムコにおけるSYSTEM11から始まる高性能基板を活用したゲームが家庭用に移植されていったことが、体感ゲーム、そして広い意味でのアーケードゲーム市場の衰退と縮小に及ぼした影響は少なくないだろう。

それまでは、ゲームセンターなどに自発的に行かなければ体験できなかったものが、自宅に居ながらにして遊ぶことができるようになったことは大きな進化であり、変化だったに違いない。

さらに、数年後にはネット環境の普及と浸透がそれに拍車をかけた。

多くのプレイヤーたちは、それらを当たり前のように受け止めているが、ゲームパブリッシャー、または旧来のアーケードゲーム開発者にとっては、結果的に自分たちで、自身の市場の在り方を変えてしまうことになったのではないだろうか。過去の積み重ねが未来である限り、それはなるべくしてなった未来といえるだろう。

体感ゲームが生まれた時代背景と衰退の要因

ここからは、これら多くの体感ゲームが生まれた時代背景、そして徐々に廃れていった要因について考察してみたい。

ゲーム産業の急速な発展と収益化は、本書「STAGE 0」の章で、紹介したセガの歴史と照らし合わせてみるとわかりやすいが、第1にいえるのは、ゲームのメカニズム、システムが大きく変わったタイミングだったことが挙げられる。

ビデオゲームのルーツはアメリカにあり、その中でも市販されるパッケージ・ゲームの基礎を確立したのがアタリ[※]（Atari）である。アタリは、1972年にノーラン・ブッシュネルとテッド・ダブニーの2人の共同創業者によって設立、ビデオゲームの黎明期を大きく牽引した企業である。なかでも、創業間もないアタリを飛躍的に伸長させたのは、アーケードゲーム『ポン（Pong)』であった。その後、1977年には、家庭用ゲーム機「Atari 2600」を発売し、数多くのゲームソフトを世に送り出した。

このアタリの成功を見て、世界の人々も動き出す。日本においては、当時のエスコ貿易、セガ、ナムコの前身であった中村製作所、ユダヤ系ウクライナ人でタイトーの創業者のミハイル・コーガンらが、主にアメリカからの輸入ゲーム機ビジネスに参入する。そして、それらを独自に解析し、開発することで、タイトーからは1978年にアーケードゲーム『スペースインベーダー』が生まれ、各地にインベーダー喫茶なるものが多数生まれた。また、ヒットの裏では数多くのコピー基板が製造されたことは言うまでもない。

また、ナムコからはポスト・インベーダー・ゲームを標榜した『ギャラクシアン』がアーケードゲームとして1979年に市場投入された。

その後、任天堂の家庭用ゲーム機「ファミリーコンピュータ」（以下：ファミコン）が、1983年7月15日に発売される。ファミコン発売当初は任天堂製のソフトラインナップであったが、1984年に入るとナムコから『ギャラクシアン』、『パックマン』、『ゼビウス』などのファミコン版がリリースされ、アーケードのヒットタイトルが家に居ながらにしてプレイできることから、ビジネスの潮目が変わり始める。そうした家庭用ゲームがメインとなりつつあった流れを再び変えたのが、本書で取り上げた「体感ゲーム」である。そして、1990年代になると、3次元コンピュータ・グラフィックスを活用した格闘ゲームのブームへと受け継がれていく。

※1983年のアタリ・ショックにより会社経営が大きく傾き、その後、経営体制が変わりながらも、2023年11月には復刻された「Atari 2600＋」という家庭用ゲーム機をリリースしている。

なお、1980年代半ばから1990年代初頭にかけて、日本がバブル経済の真っただ中にあったこともその要因として考えられる。セガ（エンタープライゼス）が東京証券取引所市場第2部上場を果たしたのは、1988年であった。この時期は、ゲームをはじめとした娯楽産業に投資が集まり、セガは株式公開のキャピタルゲインで得た潤沢なキャッシュを新しい技術開発、人材採用に投入し、「体感ゲーム」の開発、3次元コンピュータ・グラフィックス技術の活用、アーケード施設の拡充や、バブル末期に実現した横浜ジョイポリス（1994年開業）などのテーマパーク事業を展開していった。

私自身も、その時代を生き、積極的に関与したセガの『バーチャファイター』、カプコンの『ストリートファイターⅡ』などの格闘ゲームのブームも、時代の潮目として注目すべきコンテンツであったと考えている。これらの格闘ゲームブームは各ゲームセンターにそれぞれの覇者がおり、その覇者の座をめぐってリアルで小さなコミュニティが数多く生まれ、日夜、切磋琢磨が繰り広げられた。

現在のようにスマホもなく、ゲームセンター・ノート（ゲーセン・ノート）や、まだ文字ベースだったネットのゲーム系の掲示板などが、コミュニティとして機能したのは、この格闘ゲームブームの時期が最後だったかもしれない。

その後のゲームセンターは、一部のカード系ゲームがヒットしたものの、現在はプリントシール（プリクラ）機やプライズマシーンがひしめくスペースになってしまい、往時の面影はない。

以下に要点を挙げ、体感ゲーム、アーケードゲームが衰退した背景を列挙する。

１・バブル崩壊後の１９９０年代中盤から経済の低迷による市場環境の変化

ゲームセンターが高額な機器を導入する余裕がなくなり、体感ゲームの開発や導入が停滞した。セガは「セガサターン」、「ドリームキャスト」などで家庭用ゲームの次世代機市場に参入したが、残念ながら撤退の憂き目に遭う。その負債もあり、新規開発、広告宣伝費などが削減され、さらにアーケードゲーム開発が鈍化。またＵＦＯキャッチャー、プリクラなどが台頭するなど、市場の在り方が変化したため。

２・大型テーマパークの躍進

ディズニーランドやユニバーサル・スタジオ・ジャパンなどのテーマパークが発展したことで、体感型のエンターテインメントはゲームセンターから、より大規模で本格的な施設へとシフトした。テーマパークのアトラクションを通じて、より大きなスケールでの体感型の体験を提供することが実現した。近年では、２０２３年6月にワーナー ブラザース スタジオツアー東京‐メイキング・オブ・ハリー・ポッターが開業。

３・家庭用ゲーム機の発展

１９９０年代以降、「セガサターン」、「プレイステーション」などの家庭用ゲーム機の発展と浸透により、娯楽の在り方が変化した。従来のゲームセンターなどでのアナログなコミュニティ型から、インターネット接続が可能になるなど、ゲーム機の機能が向上したことで、娯楽の形態が、よりパーソナライズ化した。家庭用ゲーム機がハイスペック化する中、ゲームセンターで体感ゲームをプレイする必要性が減少。さらにモバイルゲームやソーシャルメディアが台頭したことで、娯楽に対する時間の使い方に大きな変化が起こる。

4・VRやAR、MR技術の発展

VR（バーチャル・リアリティ）やAR（オーギュメンテッド・リアリティ）、MR（ミックスド・リアリティ）の技術が急速に進化し、ゲームや映像への没入感や体験の質が向上。これにより、かつての「体感ゲーム」に頼らずとも、プレイヤーが「体感」を味わえる技術が普及した。VRヘッドセットを使えば、自宅でリアルな体感・体験を楽しむことができるようになるなど、アーケードや専用の体感ゲームが相対的に魅力を失った。

これらの要因とともに、旧来の「体感ゲーム」は、専用の大型機器を必要とするため、本体価格の高額化、設置コストやサポート・メンテナンスが負担になるケースが増えた。また、操作性や物理的なスペース確保の問題もあった。技術が発展しても完全な没入感を得ることが難しかったことに加えて、右記の1～4の要素が重なり、徐々に体感ゲーム市場は失速、衰退していった。

ゲーム筐体やゲームソフトを保存する活動

『R360』の章――STAGE 6で触れたように、すでに多くの大型筐体ゲームが日本国内からなくなっている。それらのほとんどは故障や集客力の減少などにより第一線を退いたのち、産業廃棄物として処分場へ送られてしまった。『R360』のように、海外の熱意のあるコレクターが個人的に保管しているケースもあると思われるが、それらが一堂にまとまって体験、見学できるところは現在のところ見当たらない。世界規模のアーケードゲーム博物館は、夢のまた夢なのだろうか……。

日本国内に目を向ければ、ゲームパブリッシャーのなかで、過去の開発資料やゲームそのものを保存しようという活動も、ここ数年目立ってきた。今後もそれらの活動が絶えることなく続くことを望んでいる。

『R360』の帰還に力を尽くした吉本昌男も、往年のセガのアーケードゲーム、体感ゲームなどを一堂に集めた保存館のような施設があったらいいと語る。ただ、それらが収益事業として成り立つかという点では、非常に難しいものがある。あくまでも文化的な側面でそれらが成り立つことができれば、日本の貴重な娯楽文化遺産、工業遺産になると同時に、インバウンドなどの需要に応えた新しいエンターテインメント施設になる可能性もあると思われる。

本章の最後に、それらアーケードゲームの保存を有志で支える団体の活動を紹介したい。

アーケードゲーム博物館計画と現存する貴重なゲーム筐体たち

「アーケードゲーム博物館計画」は、有志によって運営されている団体で、その成り立ちは、ナムコ（現バンダイナムコエンターテインメント）の『ギャラクシアン3 シアター6』（6人同時体験版）を購入して保管していたメンバーによって発足した。なお、この『ギャラクシアン3

シアター６』は、国内で最後の筐体といわれている。そのメンバーが、自分たちがかつてプレイしたゲームが遊べなくなってしまうこと、存在そのものがこの世の中からなくなってしまうことを恐れ、筐体や基板などを購入・収集していく中で、一般開放してプレイをしてもらう機会を設けようというのが「アーケードゲーム博物館計画」発足のきっかけだという。現在は場所とタイミングを見計らって、一般開放を行っている。

その活動は１９９９年まで遡り、機械の購入や修理修復、メンテナンスの費用は全て有志の持ち出しによって活動しているため、計画は思ったほどのスピードでは進んでいないというが、「１人１台筐体所有者がいれば１００人で１００台保存ができる」という考え方のもとに運営を行っている。将来的には、実際にプレイしてもらうことを前提に「アーケードゲーム」博物館の発足を目指している。

読者の皆さんの中にも、「あそこにレアなゲームがあった」などの情報をお持ちの方がおられたら、提供をいただければ幸いである。１９８５年に導入された『ハングオン』は、岐阜県養老郡養老町、養老公園にある「養老ランド」のゲームコーナーで今も稼働している。

このようなレトロなゲームを保存、稼働しているところは、私個人が知る限りでは、愛知県西尾市高砂町にある「天野ゲーム博物館」と、大阪市浪速区、通天閣近くの「レトロゲーセン ザリガニ」がある。しかし、「レトロゲーセン ザリガニ」は本書の執筆中の1月21日に5階建てのビルが全焼してしまい、貴重なゲーム筐体などが灰燼に帰した。

「天野ゲーム博物館」は『スペースインベーダー』ブームの１９７８年から、今日まで休まず営業しているという。西尾市は、かつて、私がアポロン音楽工業の中部営業所に勤務していた頃の営業カバーエリアで、当時は、この「天野ゲーム博物館」の存在を知らなかったが、本書籍のリサーチのために訪れた。そこには、日本に現存する最後の１台という『スーパーハングオン』※が

※こちらの店舗にある筐体は『ハングオン』と同一だが、中身のソフトが『ハングオン』とは異なる『スーパーハングオン』がインストールされている。

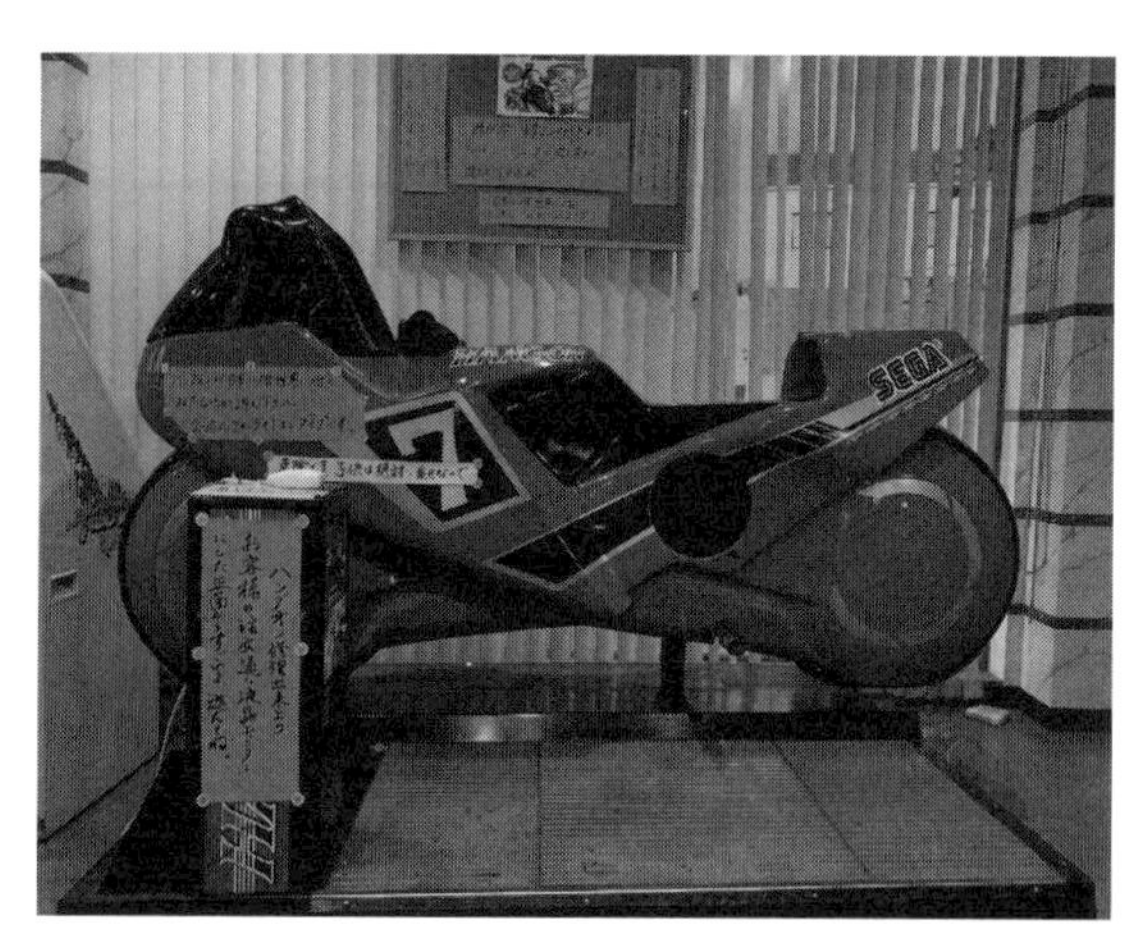

天野ゲーム博物館所蔵の『スーパーハングオン』。世界に1台という紹介文　写真撮影：筆者

あり、約40年ぶりにプレイすることができた。約40年ぶりにプレイしたが、こんなに難しかったか……と思うほどであった。他にも『アフターバーナーII』、『スペースハリアー』など本書でも紹介した貴重なゲームが、プレイ可能な状態で稼働している。オーナーは高齢だが、「あと20年頑張る」と宣言をしており、店舗の運営や、ゲーム機のメンテナンスは有志が集まって行っている。

LAST STAGE

おわりに

日本の技術力を牽引してきたクリエイターへ愛と敬意を込めて

まずは、ここまでお読みいただいた方々に厚くお礼を申し上げたい。

90年代初頭、映画配給会社に勤務していた私は、セガ・エンタープライゼス（当時）に在職した赤田義郎（あかたよしろう）氏から誘われなければゲーム業界に転職することはなかった。その誘いは感謝に堪えない。あれから30年の月日が流れたが、ゲームビジネスが内包するダイナミズムとグローバリズムに魅了された私は、今もそのドメインを変えることなく働いている。

遡ること40年前、就職活動で音楽業界を目指した私は、１９８４年にアポロン音楽工業株式会社に入社した。３年間の中部（名古屋）営業所勤務を経て、東京本社での音楽制作のディレクター職に就いたのだが、それは自身の理想とする仕事内容とはほど遠いものだった。

当時の音楽シーンの最先端を走っていたのは、株式会社ＣＢＳ・ソニー（現在のソニー・ミュージックエンタテインメント）や、そのレーベルとして名を馳せたエピック・ソニーだった。この頃のＣＢＳ・ソニーやエピック・ソニーの音楽制作を率いたのは、後にソニー・コンピュータエンタテインメントを久夛良木健氏と共に立ち上げた丸山茂雄氏だった。音楽業界誌「オリコン」の年次号には、各社トップの年頭所感が掲載される。その中でも、丸山茂雄氏は私の憧れの業界人で、毎年の所感を読むのが楽しみだった。後年になり、丸山茂雄氏と親交を結ぶことができたのは望外の喜びだ。

１９８６年４月21日、アポロン音楽工業から、レコードアルバム『組曲「ドラゴンクエスト」』

が発売された。これはエニックス（現在のスクウェア・エニックス）のゲームソフト『ドラゴンクエスト』のサウンドトラック盤で、アポロンとしては想定以上のヒットアルバムとなり、翌年にはゲーム音楽専門レーベル「コンピュージック」が立ち上がった。これらは私と同じ部署内で、しかも隣席の先輩ディレクターが手掛けていたものだった。その先輩の慧眼には恐れ入ったが、当時の私自身は電子音からなるゲーム音楽への興味は非常に薄かった。

最終的にアポロンでの制作業務への愛情が感じられなくなり、1986年末の日経新聞に15段ぶち抜きで掲載された株式会社ギャガ・コミュニケーションズ（以下：ギャガ／現在のGAGA）への求人募集広告を見て応募を決意。アポロンを退職し、ギャガへと入社した。

ギャガで働いた5年間で、独立系映画会社が手掛ける興行の苦労を味わったことは言うまでもないが、映画というエンターテインメントを通じて、その先にあるコンピュータ・グラフィックス（以下CG）への興味が増した。当時のCGは、撮影中に映りこんでしまった不要な電線や人物などを後処理で消す程度のものだったが、おそらく近い将来にはCGで映画を制作する時代が来ると確信したのだ。

しかし、1992年の人事異動で、当時、ギャガと資本関係にあったカルチュア・コンビニエンス・クラブ株式会社（通称CCC）の子会社、株式会社レントラックジャパンへの転籍出向が決まった。レントラックジャパンは、洋画、邦画などジャンルは問わずペイ・パー・トランザクション※を行う会社で、時代を先取りしたシステムを展開し、後にディスカスというシステムに統合される。

レントラックジャパンでは、設立したばかりの「Jリーグ」の全試合を収録したビデオを試合後2週間でパッケージ化して全国のTSUTAYAに納品するという仕事に従事した。試合素材収録・編集から、前後テロップ入れ、パッケージのデザイン、さらに印刷、納品までという突貫作

※PPTと略し、視聴回数に応じて支払いを行う、現在の配信に近い考え方のシステム。

業だったが、映像商品ができあがるまでの過程に最初から最後まで携われたことは貴重な体験だった。

そして、転機は訪れる。Jリーグもファースト・ステージが終わった頃、赤田義郎氏から連絡があった。「セガでゲームの宣伝をできる人を探している。黒川さんの映画宣伝経験が活かせると思うから、時間があったらウチの会社に遊びにきてよ」というものだった。

そして、案内された株式会社セガ・エンタープライゼスの別館内で見たものが３ＤＣＧを駆使した対戦格闘ゲーム『バーチャファイター』だった。カクカクとしたダンボール板をつなぎ合わせたようなキャラクター。しかし、プレイヤーがボタンやレバーで入力をすると、あたかも画面内にヒトが存在するかの如く、キャラクターが躍動した。私はその映像に未来を感じた。おそらく近い将来、このような技術が映像制作に取り入れられて、クリエイティブは変わる。もしかすると全編ＣＧの映画も実現するかもしれない。※そんな未来の映像作品は、重要なエンディングすら自身で選べるようになるだろうと……。

数多くの出会いによる人生の岐路、数多くのコンテンツに導かれてここまで来た。

今回の著書では、１９８０年代、ソフトウエア開発とハードウエア技術が拮抗していた良き時代にセガを新たなステージに押し上げた「体感ゲーム」について取材を行った。

それは私がゲーム産業に関わる前の時代の出来事であったため、ある種の歴史の掘り起こし、発掘調査に近いものだった。しかし、この時期のセガのアーケード（業務用）ゲーム、なかでも体感ゲームがどのように生まれ、変化し、時代の流れの中でなぜ消えていったかを明らかにできればと思った。

それが、私が標榜するゲーム考古学の研究のひとつであるだけでなく、日本で生まれ、世界で愛された体感ゲームの歴史を紐解く一助となれば幸いである。なお、取材と執筆に関して、忠実

※ピクサーによる世界初のフルＣＧ長編映画『トイ・ストーリー』の全米公開は1995年。日本公開は1996年3月。

に史実なども参照し記述したが間違いがあればご指摘をいただきたい。それはゲーム考古学の発展にも重要なことだと考えている。

最後に、セガ在職中に大変御世話になった中山隼雄氏との個人的なエピソードを紹介したい。

１９９６年春先のこと。67歳だった私の父が、背中の痛みから、かかりつけ医の診察を受けたところ、ステージ４のすい臓癌という診断を受けた。すぐに地元の病院に入院し、放射線治療が始まった。昔も今も、末期癌の完治率は低い。できるならば、最高・最善の治療を受けさせたいと思い、社長であった中山隼雄氏に相談したのだ。

社長室に赴き、父親がすい臓癌に罹ったので「内科の名医」を紹介してほしいと話すと、中山氏は「そりゃあ、心配だな。だが黒川君、癌は外科だよ。日本最高の癌手術の外科医を紹介しよう」と、縁故がないと入院が難しい、都内の有名病院の癌病棟を手配してくれた。私の母も兄も安堵した。ありがたいことだった。

父は残念ながら末期癌であったこともあり、翌年の誕生日を迎えることなくこの世を去った。しかし、中山隼雄氏から頂いたこの恩は忘れずに生きていきたいと思っている。

私は周囲との関わり合いの中で生きている。これからも「ゲーム考古学」の研究と活動は続けていきたい。本書の取材にあたり、協力をいただいた皆様、ゲームメーカー様、関係者様に感謝を申し上げたい。

そして、いつも何をやっているかわからない私の仕事と活動を支えてくれる家族、理解ある友人たち、仕事関係で御世話になっている皆様、編集・校正で協力をいただいた大谷弦氏、素晴らしい装丁を施してくれたデザイナーの板倉洋氏、本書の出版に尽力をいただいた東京ニュース通信社の中井真貴子氏に心からの感謝を申し上げたい。

ゲーム産業のさらなる発展と進化を祈念しつつ、これからもエンタメ勉強会の「黒川塾」、その他の連載記事などで、エンターテインメント業界に貢献ができることを願います。

黒川文雄

【参考文献】

「ビデオゲームの語り部たち　日本のゲーム産業を支えたクリエイターの創造と挑戦」
（ＤＵ ＢＯＯＫＳ）　黒川文雄
「それは「ポン」から始まった―アーケードＴＶゲームの成り立ち」
（アミューズメント通信社）　赤城真澄
「セガ　ゲームの王国」（講談社）　大下英治
「セガ・アーケード・ヒストリー」（エンターブレイン）　ファミ通ＤＣ編集部
「元社長が語る！セガ家庭用ゲーム機 開発秘史
～SG-1000、メガドライブ、サターンからドリームキャストまで」（徳間書店）　佐藤秀樹
「セガvs.任天堂　ゲームの未来を変えた覇権戦争 上・下」（早川書房）ブレイク・Ｊ・ハリス
「Sega Arcade：Pop-Up History」（Read-Only Memory）Keith Stuart
「鈴木裕ゲームワークスＶＯＬ．１」（アスペクト）　鈴木裕
テクノポリス
ゲームマシン

取材協力者　順不同　敬称略

川口（Ｈｉｒｏ）博史　南雲靖士　勝本悟史

／株式会社セガ

吉本昌男／ワイズワークス

梶敏之　吉川照男　佐藤秀樹

／株式会社アドバンスクリエート

山田順久　酒井正次／株式会社ＴＡＯ

山崎徳明／株式会社ワイズプロダクツ

麻生宏　麻生大介／有限会社アソー

松野雅樹／株式会社ユーノゲーミング

伊藤太／株式会社イデアゲームス

鈴木裕　ジョエル・ロバート・テス

／株式会社ＹＳ ＮＥＴ

石井洋児／株式会社アーゼスト

クレイグ・ウォーカー

濱垣博志

小口久雄

小山順一朗

酒匂弘幸

南治一徳

中山隼雄

菅野暁　伊藤晃

／マーザ・アニメーションプラネット株式会社

株式会社セガ・ロジスティクスサービス

豊田信夫

高倉章子

アーケードゲーム博物館計画

取材協力：Sara Zielinski

写真／資料提供

株式会社セガ・吉本昌男・松野雅樹・石井洋児・川口（Ｈｉｒｏ）博史・佐藤秀樹・山田順久・山崎徳明・Craig Walker・Sara Zielinski・中山隼雄科学技術文化財団・玉田亮・黒川文雄

写真提供

©セガ　©タイトー　©バンダイナムコエンターテインメント　©ゲームマシン　©中山隼雄文化財団　C-NET Japan

編集協力　大谷弦

デザイン・ＤＴＰ　板倉洋

黒川文雄（くろかわ・ふみお）

ゲーム考古学者／メディアコンテンツ研究家／黒川塾主宰
株式会社ジェミニエンタテインメント代表取締役社長

1960年　東京都生まれ。

アポロン音楽工業、ギャガ・コミュニケーションズ（現在のGAGA）、セガ・エンタープライゼス（現在のセガ）、デジキューブを経て、映像とオンラインゲームを展開するデックスエンタテインメントを起業、ブシロード、コナミデジタルエンタテインメント、NHNJapan株式会社にてゲームビジネスに関わる。現在はジェミニエンタテインメントの代表取締役社長。エンターテインメントのグランドスラム達成者としても知られている。

長年に渡り、音楽制作や映画・映像製作、劇場映画配給、ビデオゲーム、オンラインゲーム、スマートフォンゲームアプリ、カードゲームなどの企画開発ビジネスに携わる。

現在は、エンターテインメント関連企業を中心にコンサルティング業務を行う一方で、取材活動を精力的に行い、エンターテインメント系コラム記事、ゲーム考古学に基づきインタビュー取材記事などを執筆する。eスポーツ、オンラインゲーム、スマートフォンゲーム、人工知能、バーチャルリアリティなどをテーマに研究を重ねる。また、黒川メディアコンテンツ研究所・所長を務め、メディアコンテンツ研究家としても活動し、エンターテインメント系勉強会の黒川塾を主宰。黒川塾は2025年には開催から13年目を迎える。

2019年に、ゲーム業界での長年の知見をまとめた「プロゲーマー、業界のしくみからお金の話までeスポーツのすべてがわかる本」（日本実業出版社）を出版。2023年には、4Gamerでの連載をまとめた「ビデオゲームの語り部たち 日本のゲーム産業を支えたクリエイターの創造と挑戦」（DU BOOKS）を出版。「オンライン・サロン 黒川塾」（DMM.）開催運営中。

ゲーム考古学 note　https://note.com/game_archeology
株式会社ジェミニエンタテインメント　http://gemini-et.com/
メールアドレス　info@gemini-et.com
Xアカウント　ku6kawa230
黒川塾エンタメ事情通 @Voicy　https://voicy.jp/channel/2570
オンライン・サロン 黒川塾　https://lounge.dmm.com/detail/577/

筆者ポートレイト　武石早代

セガ 体感ゲームの時代 1985-1990

第1刷　2025年4月30日
著　者　黒川文雄
発行者　奥山卓
発　行　株式会社東京ニュース通信社
〒104-6224 東京都中央区晴海1-8-12
Tel：03-6367-8023
発　売　株式会社講談社
〒112-8001 東京都文京区音羽2-12-21
Tel：03-5395-3606
印刷・製本　日経印刷株式会社

落丁本、乱丁本、内容に関するお問い合わせは発行元の株式会社東京ニュース通信社までお願いします。小社の出版物の写真、記事、文章、図版などを無断で複写、転載することを禁じます。また、出版物の一部あるいは全部を、写真撮影やスキャンなどを行い、許可・許諾なくブログ、SNSなどに公開または配信する行為は、著作権、肖像権等の侵害となりますので、ご注意ください。

© Fumio Kurokawa 2025 Printed in Japan
ISBN978-4-06-539642-1